"十三五"国家重点图书出版规划项目
改革发展项目库2017年入库项目

"金土地"新农村书系 · 果树编

板栗
优质丰产栽培彩色图说

◎黄建昌　曾令达 / 主编

SPM 南方出版传媒
广东科技出版社 | 全国优秀出版社
·广　州·

图书在版编目（CIP）数据

板栗优质丰产栽培彩色图说/黄建昌，曾令达主编．—广州：广东科技出版社，2018.1
（“金土地”新农村书系·果树编）
ISBN 978-7-5359-6745-9

Ⅰ．①板… Ⅱ．①黄…②曾… Ⅲ．①板栗—果树园艺 Ⅳ．① S664.2

中国版本图书馆CIP数据核字（2017）第113979号

板栗优质丰产栽培彩色图说
Banli Youzhi Fengchan Zaipei Caise Tushuo

责任编辑：尉义明
装帧设计：创溢文化
责任校对：冯思婧
责任印制：彭海波
出版发行：广东科技出版社
（广州市环市东路水荫路 11 号 邮政编码：510075）
http：//www.gdstp.com.cn
E-mail：gdkjyxb@gdstp.com.cn（营销）
E-mail：gdkjzbb@gdstp.com.cn（编务室）
经　　销：广东新华发行集团股份有限公司
印　　刷：珠海市鹏腾宇印务有限公司
（珠海市拱北桂花北路 205 号桂花工业村 1 栋首层 邮政编码：519020）
规　　格：889mm × 1 194mm 1/32 印张 5 字数 150 千
版　　次：2018 年 1 月第 1 版
2018 年 1 月第 1 次印刷
定　　价：29.80 元

《板栗优质丰产栽培彩色图说》编委会

主编：黄建昌（仲恺农业工程学院）
曾令达（惠州学院）

参编：肖　艳（仲恺农业工程学院）
赵春香（仲恺农业工程学院）
李　娟（仲恺农业工程学院）
梁关生（仲恺农业工程学院）

前　言

板栗是我国重要的干果和木本粮食，素有“干果之王”的美誉，其果实营养丰富，口感细腻，清香甜糯，美味可口，营养价值高，具有一定的滋补作用，是我国的创汇水果之一，在国际市场上占有重要的地位。板栗经济寿命长，结果期长，适应范围广，管理容易，成本较低，适合荒山荒地种植，既可保持水土，又能增加经济收入，是山区发展经济、促进生态建设的主要林果。

为促进板栗的生产发展，便于种植者了解板栗的生长发育规律和栽培特性，掌握现代板栗生产管理技术，我们在总结多年研究与生产实践的基础上，参考板栗产区的先进生产经验，采用图文并茂的形式，编写了《板栗优质丰产栽培彩色图说》。全书包括概述、形态特征与生长发育特性、育苗技术、建园与定植、果园管理、病虫害防治及果实采收与贮藏等内容。

本书作者在编写过程中参阅了相关参考资料，在此对相关文献的作者表示感谢！由于作者实践和理论水平有限，书中缺点和不足之处在所难免，敬请读者批评指正。

编　者

2017年10月

目录

Contents

第一章 概 述

板栗是壳斗科板栗属植物，原产于中国，栽培历史悠久，营养丰富，每 100 克鲜板栗仁中，含淀粉 40~60 克、可溶性固形物 10~20 克、蛋白质 5~10 克、脂肪 3~5 克、维生素 C 41 毫克、胡萝卜素 0.24 毫克、氨基酸 4 克，还富含钙、磷、铁等矿物元素。

板栗用途广泛，板栗树各部分均有一定的药用价值，树皮、花、果苞、叶、根可以入药。板栗果实有健脾益气、清除湿热的功效。板栗木材坚硬、纹理致密、抗湿耐腐，是建筑、家具等方面的优质木材。

第一节　生 产 概 况

广东省河源市东源县船塘镇种植 50 余年的板栗树

一、栽培现状

我国板栗分布比较广泛，北起东北，南至海南，包括暖温带和亚热带地区的 20 多个省（市、区），河北、山东、湖北、贵州、河南、江西、湖南、广西等省（区）是我国板栗主要生产地，近年来我国板栗生产发展较快，产量也有较大幅度增加。全世界约 20 个国家有板栗栽培，除中国外，土耳其、日本、韩国、朝鲜、意大利、西班牙、法国、希腊等国家栽培也比较多。中国是世界上板栗产量最多的国家，中国的板栗品种具有抗病性较强、果实含糖高、糯性强、皮易剥等优点，深受国内外消费者的喜爱。目前，我国板栗主要出口日本、美国、英国、新加坡、泰国等国家。随着国际市场的进一步开拓，需求量还会有所增加。总体上，板栗的国内外产量少，目前市场供不应求，售价颇高，也易于就地加工，既是珍贵的食品，又是传统的木本粮食，因此，发展板栗生产有着广阔的前景和市场开拓空间。

广东是中国板栗栽培的最南端区域之一，板栗在大部分山区都有分布，也有数百年的栽培历史。广东的板栗生产主要集中在河源市（主生产区为东源县）、肇庆市（主生产区为封开县）及清远市（主生产区为阳山县），韶关市也有较多的板栗栽培，但规模化种植的不多。从气候条件讲，广东属亚热带气候，按中国板栗产区地理、气候划分，广东属于南方板栗产区中最南的产区，气温较高、雨水充沛，且水热同期，植物生长季节长，生长量大，有利于板栗早结果、丰产和果实早成熟，能够提早供应市场，而且基本上没有灾害性的天气影响板栗生长结果，栽培上不需要特别的保护措施。

二、生产存在的问题与发展

目前，我国板栗整体生产水平还较低，建园质量不高，品种混杂，产量品质也不高，空苞、落苞现象比较严重，平均株产 3~4 千克，甚至更低，品质差异大。广东板栗生产上也普遍存在挂果迟、开花少、坐果率低、产量低、病虫害严重等问题，虽然不愁销路，但单产太低，不少板栗树空苞（空棚），即有苞无板栗，果农的收益也难以大幅增加。就广东的板栗生产状况而言，虽然广东的板栗生产已经发展到一定规模，但与其他省（区）比，还是有一定的差距。其原因主要是：

①低产板栗园多，老树大多实生繁殖，种性良莠不齐，优株少，劣株多，不结果或结果少，结果迟，果实大小不一，产量低，品质较差，优质果比例低，长期没有经济效益。广东板栗的自然条件及生产条件并不比南方板栗产区其他省（区）差，但平均单产较全国平均水平低。主要原因是，广东板栗生产过去大多数延用实生苗种植，使同一品种群体中的不同单株的产量和品质差异较大，

虽也有进行优株选种，但没有进行优良株系的无性繁殖，整齐性较差。

②立地条件差，建园标准低。板栗树多栽在丘陵、山地或荒地，土壤贫瘠而板结，偏酸且黏性重，pH 多在 4.2~5.1，有机质少，保水保肥能力差，普遍缺乏钾、硼、钙、镁等营养元素。果农种植随意，种植后也没有进行必要的土壤改良。

③管理粗放，病虫危害比较严重。多数板栗园管理上施肥少，不修剪，树冠郁闭，树冠残缺不齐，不防治病虫或农药使用不规范。

④单一品种种植，空苞现象严重。对板栗异花授粉（不同品种间授粉）的特性了解不多，推广种植过程中忽视配植授粉品种，成片单一品种种植，同一品种株内或株间的授粉，空苞现象严重，板栗的空苞率 13%~15%。即使配植了授粉品种，配植数量和配植排列方式也达不到基本要求，必然坐果率低，空苞严重，产量低。

⑤生产规模小，分散经营，即使在生产比较集中的产区，有一定规模的果园不多，大部分是各个农户分散经营，不利统一应用先进的技术，组织进行标准化生产，产品质量良莠不齐。

⑥对板栗生产的科学研究投入不足，科技普及推广滞后，果农对板栗栽培管理技术掌握不多。

从广东的生态环境条件及板栗的生态适应性看，大部分山区均适宜种植板栗，而且板栗对栽培条件要求不高，因此，广东发展板栗生产，只要管理措施得当，就一定有收成。要大力发展板栗生产，提高产量和品质，改变生产落后状态，开发市场，增加经济效益，应当做好以下几方面的工作：

①积极开展良种选育工作，培育适合当地生产条件的优良品种。过去板栗采用实生繁殖，单株之间差异大，应当通过实地选种的方式进行良种选育工作，优中选优，从实生群体中选育出实生优良单株，培育成新品种。对原有劣株、劣种采用高接方法进行

换种。

②科学管理，推行标准化生产。根据板栗树的生物学特征，采取恰当的技术管理措施。加大科技投入，推进科技进步，进一步完善和采取安全标准化生产技术，实行“良种化、标准化”，做到种植品种优质化、管理技术规范化、产品产量标准化，促进板栗产量和品质的进一步提高。

③建立和完善销售网络，解决板栗销售难的问题。通过专业合作社或“公司＋基地＋农户”的产业链运作模式，建立起板栗产前、产中、产后服务的“一条龙”的配套服务体系和网络销售服务体系，带动农民参与农业产业化经营，有效解决长期困扰果农板栗销售难的问题，提升板栗的经济效益与商品附加值，调动农民种植板栗的积极性。

④发展板栗深加工，开发系列化加工产品，延长产业链。针对加工的特点，加大新产品开发力度，积极研发新产品，提高产品附加值。引进或建立农业龙头企业，运用“公司＋基地＋农户”的产业链运作模式，带动农民参与农业产业化经营，发展板栗深加工，实现板栗产品加工系列化和产品质量标准化的目标，把整个板栗产业做大、做强。

⑤实施品牌战略。优化资源配置，优化产业结构，树立商标意识，加强宣传和引导消费，扩大知名度，实施品牌战略，培育市场。组织板栗种植、流通和加工的企业及个体，积极开拓国际市场，参与国际竞争。

第二节 栽培品种

一、中国板栗品种类群

按照国家板栗产区划分，我国板栗品种分为北方品种群和南方品种群两类，一般将长江以南板栗产区的板栗品种归类为南方品种群。南方品种群在中国南方的生态环境下形成并经历长期发展生产，能够适应较高的气温，也较北方品种群耐湿。在广东，由于气温较高、雨水充沛，且水热同期，植物生长季节延长，生长量大，有利于板栗早结果，与北方板栗产区及淮河秦岭以南—长江中下游板栗产区的板栗品种比，早结性和果实的早熟性明显。

广东的板栗生产面积虽然不算很大，品种资源也不很丰富，但各产区还是有适应本地气候和土壤环境、丰产和品质优良的地方品种，如罗岗油栗、阳山油栗、河源油栗和封开油栗等优良地方品种。当然，广东还须积极引进邻近省（区）的优良板栗品种，选育更早熟、适应不同用途的板栗新品种，为生产发展备足后劲。

二、主要栽培品种

1. 河源油栗

主产河源市东源县，适于粤东丘陵山地栽培。果皮红棕色，薄而光滑，无毛或具短茸毛，果大，单果重 14 克左右，肉质细嫩香甜，品质优良。果实成熟期 9 月下旬。

2. 河果 1 号

从河源油栗中选出，树势较壮旺，树形较直立，结果母枝粗壮。果大，单果重 15 克左右，果实外观好，棕红色并有光泽，香味浓，果肉口感香甜，品质优良。果实成熟期 8 月下旬。

河源油栗果大，具短茸毛

河源油栗叶较厚而浓绿，果苞较大

河果1号果实棕红色，果大

河果1号枝条比较粗壮，叶色浓绿

3. 封开油栗

原产广东封开县长岗镇马欧村，约有500年栽培历史，分布于附近各县市。果大，单果重15克左右，果仁饱满具香气，果皮薄、有光泽，茸毛极少，耐贮性较好。果实成熟期9月下旬。

封开油栗果实有光泽，茸毛极少

封开油栗枝条较细长

4. 农大1号

华南农业大学育成的早熟、矮化、丰产稳产板栗品种，广东各地及广西、江西部分地区生产。该品种树冠紧凑，枝条较短，芽饱满，连续结果能力强，雄花减少，雌花增多，坐果率高，丰产稳产。果实一苞多籽，有4%以上的种苞结果4~7粒。每苞坚果33.1克，出籽率48.37%，单果重10~13克，肉质细嫩香甜。病虫害较轻，对斑点病、叶斑病和干枯病有较好的抗性。果实成熟期8月中、下旬。

农大1号丰产性状

农大1号树形开张，叶色较淡

5. 它栗

它栗原产于湖南邵阳等地，在粤北等地引种试种表现良好。该品种树形较矮，树冠紧凑，发枝能力和连续结果能力强，较丰产稳产。单果重13克左右，品质优良。果实成熟期9月下旬。

6. 大果乌皮栗

大果乌皮栗为广西普遍栽培的优良品种之一。果大，单果重18克左右，果皮乌黑，树势强健，丰产稳产。果实成熟期10月上旬。可作为广东迟熟品种或作为授粉配置品种引种试种。

第二章 形态特征与生长发育

第一节 形态特征

一、根系

1. 根系的分布

板栗为深根性果树，根系发达，入土深，分布广，根系的水平分布较冠幅大 1~2 倍。根系分布受土层厚度与土壤质地影响较大，疏松肥沃的土壤，垂直根可深达 2 米，总根重的 98% 以上根系分布在 80 厘米以内的土层中，其中在 20~60 厘米土层根系分布集中。

2. 根系的再生能力

板栗根系受伤后，皮层与木质部易分离，愈合和再生新根的能力及速度与根的粗细有关。苗龄越大，根越粗，受伤后愈合越慢，发根越晚。粗根受伤后先在伤口形成愈伤组织，再逐步从愈伤组织处分化出根，此过程需 1 年左右。因此，粗根愈伤能力弱，苗木移栽及施肥时切忌伤根过多，以免影响苗木成活和对水分、养分的吸

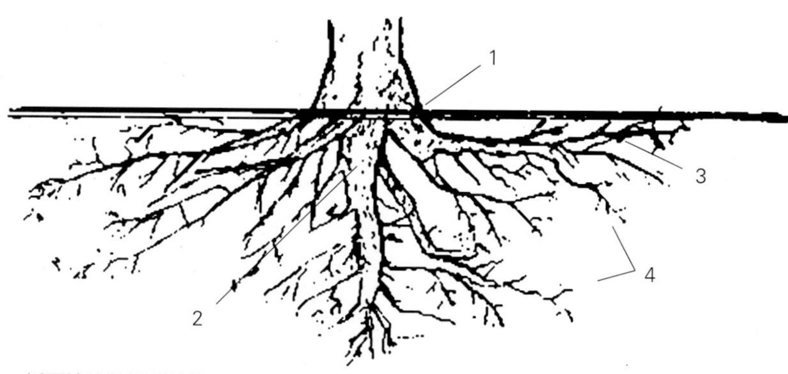

板栗嫁接苗根系结构

1. 根颈；2. 主根；3. 侧根；4. 须根

板栗老树根系

土壤未改良的果园植株根少、分布浅

收。板栗基本上没有产生根蘖苗的能力，利用根插繁殖苗木不易成功。

3. 菌根

板栗的根尖常和真菌共生形成外生菌根，菌根扩大了根系吸收面积，增强板栗抗旱耐瘠及抗病能力。菌根的分泌物可以溶解土壤中难溶养分，吸收根系无法吸收到的难溶养分，菌根可明显提高磷的吸收利用率。菌根分泌的生长激素类物质可以促进植株生长。具有菌根的板栗幼苗根系发达，形成良好的共生菌根结构，须根多，根系占的比重大，苗木生长旺盛。

二、芽

板栗枝条顶端有自枯性，其顶芽是顶端第一个腋芽，称伪顶芽。芽按其性质、作用和结构可分为混合芽、叶芽和休眠芽 3 种。

芽类型：顶部饱满的为混合花芽，中部芽顶尖者为叶芽，下部为隐芽

板栗隐芽寿命长，有利老树更新

1. 混合芽（花芽）

板栗的混合芽分完全混合花芽和不完全混合花芽。完全混合花芽着生于枝条顶端及其以下 2~3 节，芽体肥大、芽顶圆钝，茸毛较少，外层两片鳞片覆盖芽体，内已孕有花序原基，萌芽后抽生的结果枝既有雄花序也有雌花序。不完全混合花芽着生于完全混合花芽的下部或较弱枝顶端及其下部，芽体比完全混合花芽略小，萌发后抽生的枝条仅着生雄花序。

2. 叶芽

叶芽多着生在结果母枝中下部及雄花枝和发育枝的叶腋处。芽体较混合花芽小，芽顶尖，茸毛多，外层鳞片少，内层鳞片常露出一半，萌发后形成不具有花序的营养枝。幼旺树的叶芽着生于旺盛枝条的顶部及其中下部；进入结果期的树，则多着生于各类枝条的中下部。板栗芽具早熟性，健壮枝上叶芽可当年分化，当年萌发，形成二次枝，甚至三四次枝。

3. 休眠芽

又称隐芽，着生在结果母枝、雄花枝、营养枝基部鳞痕处，一般 2~4 个，芽体极小，一般不萌发，呈休眠状态。板栗树的休眠芽寿命很长，可生存几十年之久。隐芽受刺激后，即可萌发出枝条，这种特性常用于板栗老树的更新。

三、枝条

1. 板栗树干结构

板栗为高大乔木，在适宜条件下植株高 2 米以上，树冠大，自然圆头形，地上部分的树体枝干一般包括主干、主枝、副主枝、侧枝和根颈等。

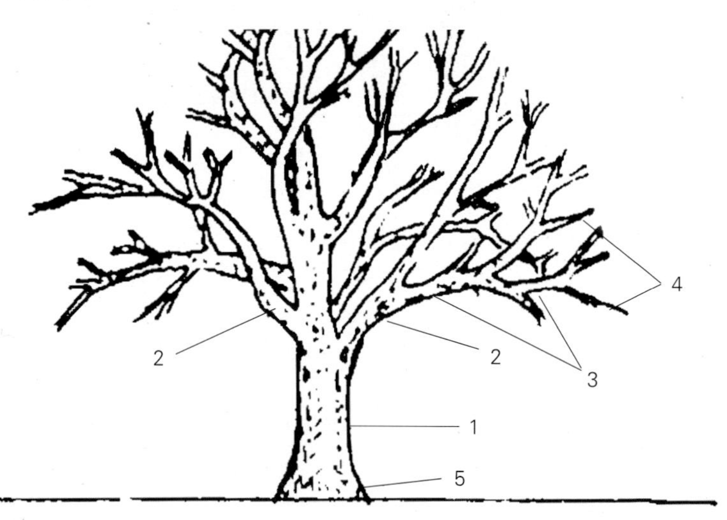

板栗枝干结构

1. 主干；2. 主枝；3. 副主枝；4. 大小侧枝；5. 根颈

2. 枝条类型

板栗枝条类型与品种、树龄、树势及栽培管理等密切相关。板栗的枝条可分为结果枝、结果母枝、营养枝、雄花枝、徒长枝和纤弱枝。

（1）结果枝　着生栗苞的枝条称结果枝，又称混合花枝。结果枝上着生雄花和雌花，结果枝着生在粗壮结果母枝的先端。大部分品种的结果枝由结果母枝顶部的混合花芽抽生而来，但也有一些品种结果枝由枝条的中下部叶芽和基部休眠芽抽生而来。结果枝按照长度不同，分为长果枝、中果枝和短果枝。结果枝长度因品种、管理水平、肥水条件而异。

（2）结果母枝　能抽生结果枝的基枝称结果母枝。由生长健壮的营养枝和结果枝转化形成，顶端着生完全混合芽，结果母枝前端混合芽抽生结果枝连续开花结果的能力与板栗树的树龄、结果母枝的强弱呈正相关。一般生长结果期和结果期的板栗树抽生结果枝率高，衰老期板栗树抽生结果枝率低；强壮的结果母枝抽生结果枝数多，可形成 3~5 个结果枝，果枝的连续结果能力强，结果枝上雌花序多，弱结果母枝抽生结果枝数少，结实力差，连续结果能力弱。因而，促使板栗形成稳定的强壮结果母枝是高产

板栗结果母枝、结果枝和雄花枝

和稳产的基础。

板栗营养枝

（3）营养枝　由叶芽或休眠芽发育而成，枝条各节均为叶芽，不着生雌花和雄花。营养枝是构成幼树树冠的基础，冬季短截幼树延长枝可达到扩展树冠的目的。板栗枝条的萌芽率和成枝力与母枝生长势强弱相关。强壮的枝萌芽率高，成枝力强，同一枝条顶端芽成枝力强于基部，生长势强的枝条顶端数芽可抽生出着生雌花的结果枝。

（4）雄花枝　由不完全混合花芽抽发、只着生雄花序的枝条。雄花枝多发生于弱树弱枝或结果母枝中下部，过于弱小的雄花枝应当及早疏除。

（5）徒长枝　多由休眠芽受刺激后萌发而成，生长旺盛，节间长，枝条长可达 1 米，芽小，组织不充实。徒长枝是更新树冠的主要枝条，如果位置适当，则可以培养成为结果枝组，但如果徒长枝过密，则应及时疏除，以免消耗养分，扰乱树冠。

（6）纤弱枝　大多从一年生枝条的中下部芽萌发而成，生长纤弱，长 15 厘米以下，易枯死，不能形成结果母枝，只是消耗养分，管理上要对这类枝条进行疏除或短截促发强枝，以利更新树冠。

四、叶片

板栗的叶片为单叶，卵圆披针形至卵椭圆披针形，先端短尖、基部宽楔形或圆形，叶缘锯齿粗大。叶片大小、形状、茸毛多少、叶缘锯齿形状等因品种不同而有所区别。板栗的叶序有 1/2 和 2/5 两种，一般板栗幼树结果之前多为 1/2 叶序，结果树和嫁接枝多为 2/5 叶序，所以，1/2 叶序是童期的标志。板栗为落叶性果树，叶片在春、夏季随芽体萌发、枝梢生长而生长，秋、冬季温度降低，叶片逐渐褪色、枯黄、脱落，植株进入休眠时期。

河源油栗叶片

封开油栗叶片

农大1号叶片

五、花

板栗是雌雄异花同株植物，结果枝的中上部着生雄花序，在最上部的1~4条雄花序基部着生1~2个雌花序。

1. 雄花

雄花序为柔荑花序，长约20厘米。在雄花序上螺旋状排列着雄花簇，每簇由3~9朵小花组成，每朵小花有花被6枚，雄蕊9~12个，花丝细长，花药卵形，没有花瓣，花序自下而上，每簇中的小花数逐渐减少。雄雌花比例一般为2 000 ：1~3 000 ：1，雄雌花序之比一般为5 ：1。板栗雄花数量大，消耗养分多，管理上要提高果实产量，应当适当疏除雄花。板栗雄花基部有褐色的腺束。花盛开时散发出一种特殊的香味。板栗具有虫媒花的特点，花丝、花粉鲜黄，引诱各类昆虫，特别是蝇、金龟子、甲虫、金花虫等群集而来，对授粉有利。由于板栗雄花很小，可以随风飘移，又具有风媒花的特性。

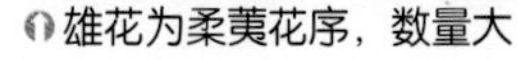

雄花为柔荑花序，数量大

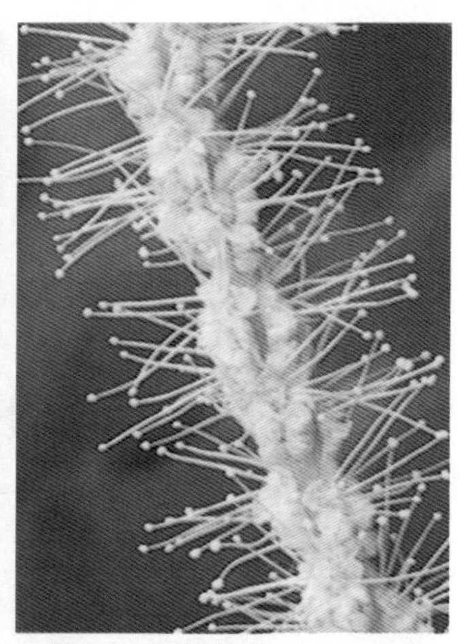

雄花小，雄蕊细长

2. 雌花

雌花着生在结果枝前端雄花序的基部。生长雌花的雄花序比较细短，一般着生 1~3 个雌花簇。板栗每一雌花簇一般有雌花 2~5 朵，以 3 朵为最多，聚生于一个总苞内。雌花子房 8 室，每室有 2 个胚珠，共 16 个胚珠，以后有一个胚珠发育成胚，其余在受精半个月后败育。

板栗雌花簇

六、果实

雌花簇进一步生长由子房发育形成果实，包括球苞和坚果 2 个部分，球苞也称栗苞、板栗棚或板栗蓬，多数为椭圆形。球苞上有刺束，刺束的特征和球苞的厚薄因品种而异，成熟时球苞的重量约占果实总重量的 50%。一般一个球苞着生 3 个果，也有双果或独果的，少数有 4 个果以上。

板栗果实结构

一苞二果

一苞三果

一苞单果

一苞多果

第二节　生长发育特性

一、根系

根是植株重要的贮存器官，春、夏季根部贮存的养分向地上部转移，开花后根系养分含量降至最低。秋季地上部养分向地下输送，根部养分含量上升。板栗根系的活动比地上部分开始早，结束迟。在整个生长期中根系有 2 个生长高峰，即在地上部分旺盛生长后和枝条停止生长之前。土壤温度约 8.5℃时根系开始活动，土壤温度 16℃时开始生长，温度上升到 23.6℃时生长最为旺盛。根系旺盛生长期间发生大量新根，吸收力强，应当注意肥水供应。

二、枝梢

成年板栗树的枝梢一年只发生 1 次春梢，枝梢顶端形成花芽后不再萌发。幼树和生长势旺的树可有 2 次新梢发生，甚至花芽分化形成 2 次开花。气温 15℃左右时，芽开始萌动吐绿。4 月下旬芽很快萌发伸长和展叶，5 月上中旬是新梢生长的高峰期，6 月中旬前后出现顶端芽枯萎脱落，由第一腋芽代替顶芽，此时枝条延长生长停滞，加粗生长继续进行。生长旺盛的枝条常萌发第二次新梢，形成秋梢。

三、叶片

板栗树萌芽后很快展叶，枝条前端芽的叶片先展叶，生长快，下部芽展叶较晚。叶片生长期 50 天左右，随着叶片的生长，其厚度也逐步增加，叶片表面的蜡质层不断加厚。落叶期长，秋季霜冻后开始落叶，生长势旺的幼树落得迟。从落叶状况可以区别嫁接树和实生树，嫁接树进入落叶期后即落叶，实生树一般不落叶，叶子枯黄后也不落，到翌年春天才逐步落叶。

四、花

1. 花芽分化

板栗树为雌雄同芽异花，雌花、雄花分化期和分化持续时间相差很远，分化速度不同。雄花序原基分化的盛期集中于 6 月下旬至 8 月中旬，在果实采收前的一段时间处于停滞状态，果实采收后至落叶前，又可观察到雄花序原基的分化。两性（混合）花序原基发生在春季，萌芽后开始进入形态分化。4 月上旬，结果母枝上的混合芽萌发时，芽内雏梢生长锥延迟伸长，并在其侧面相继分化出两性花序原基。到花芽展开时，在伸长并分化中的两性花序基部出现雌花序原基。在几个两性花序原基的前部，雏梢生长锥继续分化，形成果前梢。

板栗的雌花虽是两性花，但雄蕊随着雌花的分化部分退化。板栗雌花芽的形态分化是在春季芽萌动以后到 4 月底以前完成，其生理分化也是在春季进行的。

2. 开花结果

板栗树为雌雄同株异花植物，雄花先开，雌花后开，花期持续 1 个月，花期长短随产区气候条件而变化。雌雄花异熟，影响授粉和坐果，总苞虽然长大，但苞内无果，成为空苞。因此，发展板栗生产必须配植雌雄同熟的授粉品种才能正常结果，以保证产量。

雌雄同熟

雌雄异熟

雄花抽蕾期

雄花初开期

雄花盛开期

雄花谢花期

板栗虽不是完全的自花授粉不结实的树种，但自交结实率很低，通常为10%~40%，而不同品种间授粉的结实率90%以上，这是板栗单一品种种植出现大量空苞的重要原因之一。不同的品种、不同的授粉树结实率均有差异，生产上应选授粉结实率高的优良品种作为授粉树，以利于提高产量。

板栗的花粉有明显的花粉直感现象，父本花粉授到母本雌花柱头上，当年坚果表现出父本的某些性状。主要表现在果肉颜色、风味、坚果大小、涩皮剥离难易。单粒重大的授粉树给小粒板栗树授粉后，当年产生的板栗籽粒重增大，反之，单粒重小的授粉树给大粒板栗树授粉后，果实则变小；成熟期早的父本给成熟期晚的树授粉后，当年的板栗果实表现出成熟期提前的花粉直感特点。

五、果实

栗苞由总苞发育而来，除特殊品种或单株外，蓬皮为针刺状，称苞刺，几个苞刺组成苞束，几个刺束组成刺座，刺座着生于栗苞上。栗苞内为板栗的坚果，坚果内的种子，不具胚乳，有两片肥厚的子叶，为可食部分。坚果外果皮（栗壳）木质化，坚硬；内果皮（种皮或涩皮）由柔软的纤维组成，含大量的单宁，味涩。中国板栗的种皮大多易于剥离。

根据板栗果发育过程中营养物质的积累和转化，可将果实发育分为 2 个时期：前期主要是总苞的增长及其干物质的积累，此期约形成总苞内干物质的 70% 和全部蛋白质；后期干物质的形成，重点转向果实，特别是种子部分，果实中的糖转化为淀粉，淀粉的积累促进坚果的增长。在果实成熟的同时，总苞和果皮内营养物质的一部分也转向果实。所以，前期总苞和子房养分的积累是后期坚果充实的前提，后期坚果增重快。

果实整个发育过程约需 3 个月，大致可以分为 4 个阶段：

①受精卵的休眠期。从 6 月开始至 7 月上旬，完成授粉受精后，子房内胚珠基本不发育，受精卵休眠。

②幼胚发生期。7 月中旬开始，胚珠中有 1 个幼胚开始膨大，比其他胚珠增大数倍，发育的幼胚呈心形浸埋于胚乳中。

雌花开放　幼果发育　幼果膨大

果苞转色，果实成熟　果苞开裂

③胚乳吸收期。7月下旬开始，幼胚迅速膨大，胚乳逐步被吸收，幼胚形成明显的子叶。

④幼果膨大期。8月中旬以后，胚乳被吸收完毕，子叶明显增大，种子快速生长。

大部分板栗品种在果实发育过程中有2次落果（苞）高峰期，第一次高峰期出现于受精后7~10天，此次落果（苞）主要是受精不良和营养不良造成。树体营养不良，特别是硼含量过低，雌花发育不健全，落果（苞）就比较严重；第二次落果（苞）高峰出现在果实迅速膨大期，主要由营养不良造成。板栗的坐果（苞）率与结果枝粗度及营养状况关系密切，生长良好、充实健壮的结果枝坐果率高，品质好。有些品质或实生树雌花发育不健全的比例高，年年落苞、空苞现象严重，应当通过花期喷施硼、良种改换等措施减少落苞、空苞，提高产量。此外，桃柱螟、栗实象甲的危害也常造成落果。

7—8月是幼果体积和重量快速增长期，总苞内干物质迅速形成，淀粉含量高，水分含量少。8月中下旬以后球苞体积增长逐渐缓慢，趋于定型，球苞中淀粉等干物质逐步消耗，果肉内水分含量下降，淀粉糖分含量增加，坚果重量增加。8月下旬后枝条基本停止生长，光合作用产物主要供应果实生长，坚果显著增重，此时对于果实产量和品质最为重要，应当加强管理。

第三节　个体发育时期与物候期

一、个体发育时期

板栗的个体发育一般分为5个时期，在不同时期树体生长发育及开花结果不同，深入了解其生命周期的变化特点，是制订相关配套栽培技术措施的重要依据。

1. 幼树期

种植后到第一次结果前的一段时期，是树体骨干枝发育形成和根系扎根时期，为形成预定树形和开花结果创造条件。一般实生树幼树期为 7~8 年，嫁接树 1~2 年。幼树期树体发梢次数多，直立性强，生长旺盛，停止生长晚。可采用开张树冠，培育有层次的侧根和吸收根群及一些促花措施，以缩短营养生长期，提早开花结果，达到早结丰产目的。

种植当年幼树

2 年生幼树

2. 结果初期

从第一次结果到开始有一定产量，一般嫁接树为 3~5 年。板栗在结果初期，营养生长仍然优势明显，根系生长旺盛，使树冠尽可能达到预定的最大营养面积，形成适量的结果母枝。后期随着骨干枝的陆续形成，生长逐渐缓慢，结果侧枝增多，逐渐转入结果盛期。

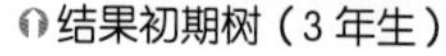
结果初期树（3 年生）

结果初期树（5 年生）

3. 结果盛期

从高产稳产期到产量开始连续下降的时期，嫁接树的结果盛期一般从第六年开始持续到数十年，甚至更长时间。结果盛期骨干枝生长停止，全面发生小侧枝，枝条和根系生长受到抑制，生长量小，发梢次数少，树冠达到最大限度，营养生长与生殖生长相对平衡，果实产量稳定上升到一定程度后能够基本维持较高的水平，是获得效益的最主要时期。结果盛期要注意加强土壤管理和树体保护，适时施入足够肥料，适当修剪和更新侧枝，维持营养生长与生殖生长的相对平衡，延长丰产期限。

结果盛期（8 年生，农大 1 号）

4. 结果后期

高产稳产状态破坏到几乎无经济收益为止。结果后期树体逐渐老化，开花结果消耗养分多，贮藏物质少，产量逐年下降。要注意加强树体养护，适当更新树冠，减缓产量下降速度。

结果后期树

衰老期树

5. 衰老期

产量降低到几乎无收益，甚至树体死亡。衰老期树体衰退，骨干枝、骨干根大量死亡，绿叶层逐渐变薄，有效结果体积减小，容易发生落花落果，结果越来越少。衰老期要加强氮肥的供应和修剪更新，促生壮枝和根系复壮，延长植株寿命。如果果实产量已经低到无经济效益，应当及时砍除，重新建园。

二、物候期

物候期是指一年的生长发育所经历的时期，了解物候期的变化对制订相应的栽培管理措施有重要参考作用。板栗的物候期一般可分为萌芽期、枝梢生长期、开花期、落果期、果实发育期、果实成熟期等。

1. 萌芽期

从覆盖芽体的苞片裂开到芽体伸出苞片。板栗的芽一般在 2 月下旬至 3 月上中旬开始萌动。

2. 枝梢生长期

从伸出苞片的芽体生长形成嫩枝到枝梢停止生长。板栗一般萌芽后 8~12 天开始展叶，15~20 天达到展叶盛期，4 月新梢开始生长，5—6 月新梢生长最快。一年有春梢、夏梢、秋梢、冬梢 4 个枝梢生长期。管理上要求适当控制春梢，促进开花；控制夏梢和冬梢，以提高坐果和促进花芽分化；促发和培养健壮秋梢，保证来年丰产。

嫩枝抽出生长

枝梢转绿

枝梢老熟

3. 开花期

从花蕾抽出到花朵凋谢为开花期，可分为现蕾期、初花期、盛花期和谢花期。一般生产上，有 5% 的花开放时为初花期，25%~75% 的花开放为盛花期。在广东河源，萌芽后 30~40 天后进入开花期，一般集中在 5 月中旬至 6 月中旬。板栗的花期比较长，为 15~30 天。开花期间管理上采用喷施硼砂等叶面肥，可以提高板栗的授粉受精水平，是获得丰产的一项重要措施。

4. 落果期

果苞脱落集中的时期为落果（苞）期，包括第一次落苞期、第二次落苞期和采前落果期。谢花后落苞为第一次落苞期，主要是由于花器发育不良、受精不良和营养不良造成。果实迅速膨大期出现的落苞高峰为第二次落苞期。落苞期间，加强肥水管理、喷施植物生长调节剂等措施稳定坐果，加强病虫害防治、减轻逆境为害等措施是防止落苞关键管理措施。

6—7 月出现第二次落果（苞）高峰

5. 果实发育期

从胚珠受精后，果实即开始形成并逐渐发育膨大到果实发育完全、果苞微裂。板栗果实由形成到发育成熟需要 90~120 天。在广东河源，果实发育期一般在 7—10 月。果实发育期应加强肥水管理，促进果实发育和病虫害防治是保证果实发育良好的重要措施。

6. 果实成熟期

板栗的果实成熟期是从果面转色到果肉品质（可溶性固形物含量等）达到成熟标准。果实成熟期间要适时采收以达到最优品质。

7. 花芽分化期

板栗的花芽分化有雌花和雄花不同时分化的特点，雄花分化在前，雌花分化在后。雄花分化期很长，从 7 月开始一直延续到休眠后的翌年春季；雌花分化速度快，冬季进入分化期，到翌年春季即已完成分化过程。

8. 落叶休眠期

在广东，秋末初冬，板栗植株叶片逐渐转黄脱落，冬季（12 月）完全脱落，树体进入休眠时期，到翌年春季，温度回升，芽体萌发抽出新叶新梢。成年结果树落叶比较幼树整齐而明显，实生树的叶片干枯后久留树上不脱落，休眠期间树体要求的适宜温度为 0℃左右的低温。

落叶后的板栗果园

第四节　对环境条件的要求

板栗虽然是温带、亚热带落叶性果树，但对气候、土壤等环境条件有广泛的适应性，喜光性强，在生产上分布很广，广东则属于中国最南的板栗产区之一。不同地区所形成的板栗品种对气候、土壤等环境条件适应性并不完全一样，但在不同气候、土壤等环境条件下其生长发育、果实产量及品质等方面有一定的差异。外部环境条件包含的因素很多，对板栗的影响也是综合性的，但在实际生产过程中，应当了解单个生态因子如温度、水分、土壤养分等对板栗生长发育的影响，以便采取相对应的措施，提高果实的产量和品质。

一、温度

板栗对温度的适应范围广泛，在年平均温度10~21.8℃，最高温度不超过39.1℃，最低温度不低于–24.5℃的地区均能正常生长，北方品种群比较耐低温，而南方品种群耐寒力低于前者。南方品种群要求适宜的年平均温度为15~18℃，生长期平均温度为22~26℃。不同物候期对温度的要求不同，根系在土壤温度达16℃时开始生长，上升到23.6℃时生长最为旺盛。当气温达到15℃左右时，芽开始萌动，开花期适宜温度为17~25℃，花粉发芽的适宜温度为24℃左右，低于15℃或高于27℃均将影响授粉受精和坐果，7—9月果实增大期需20℃以上的平均气温。长江流域板栗的主要产区在湖北、安徽、江苏、浙江等地，这一地区生长期平均气温22~24℃，最低气温0℃左右，温度高，生长期长，适合南方品种栽培。北方板栗主要产区在河北、山东、北京、辽宁等地，这些地区4—10月生育期平均气温9~15℃，气候冷凉、温差较大，日照充足，果实含糖量高。

二、水分

板栗对水分有比较强的适应性，在年降水量 500~2 000 毫米的区域均可栽种，但以年降水量 500~1 000 毫米的地方最适合。南方主产区年降水量在 1 000~2 000 毫米，生长期多雨，能促进板栗生长和结实，但雨量过多，特别是在梅雨天气时不仅授粉受精不良，还引起光合产物下降，影响果实品质。气候干燥的地区，板栗品质好，商品价值高。北方产区多在山区，降水量在 500~800 毫米，板栗一般生长良好，干旱年份影响产量。板栗生长的不同物候期对水分的要求和反应不同，特别是秋季板栗灌浆期，如水分充足，有利于坚果的充实生长和产量及品质的提高。秋季干旱影响果实正常发育，甚至引起果实停止发育，造成空苞，成熟前多雨也易产生落果或引起果苞开裂，降低果实品质，导致采前落果。花芽分化期适度干旱，有利于促进花芽分化。

严重秋旱引起叶片过早枯黄、脱落

三、光照

板栗为喜光树种，生育期要求光照充足。特别是花芽分化要求较高的的光照条件，光照弱只能形成雄花而不能形成雌花，这也是板栗树外围结果的主要原因。开花结果期间也需要较高的光照条件。光照充足、空气适度干爽，有利于开花坐果；光照不足，光合作用产物少，易引起生理落苞或空苞。年光照时数 2 500 小时以上才能满足板栗生长发育的需要。平均日光照少于 7 小时，树体生长直立，板栗会叶黄枝瘦，开花期出现大量落花落果，果粒少，单位面积产量低，果实品质差。因此在园址的选择、栽种密度的确立、整形修剪的方式及其他栽培管理方面，应根据板栗喜光性强这一特点来考虑。

四、土壤

板栗对土壤要求不高，有广泛的适应性，但适宜在土层深厚、理化性状良好、富含有机质、保肥保水及排水良好、地下水位不高的沙壤土上生长，土壤腐殖质多有利于根系的生长和产生大量的菌根。在土层薄、肥力低、排水和透气性差的土壤中种植板栗，根系分布浅、不耐旱、树势差、结果量少，需要在种植后及时进行深翻改土。丰产板栗园要求土层厚度达 60 厘米、有机质含量 1.12% 以上、全氮 0.061% 以上。

板栗对土壤酸碱度敏感，pH 4.5~7.6 板栗均可生长，但以 pH 5.6~6.5 微酸性土壤为最适宜，pH 超过 7.6，板栗树生长不良，甚至死亡。石灰岩山区风化土壤多为碱性，不宜建园种植板栗。花岗岩、片麻岩风化的土壤为微酸性，且通气良好，适于板栗生长。

板栗对土壤水分要求比较低，属于耐旱性植物，但在夏季新梢生长和果实旺盛发育期对土壤水分要求高，此时土壤水分供应不足，会造成枝梢生长弱小，果实发育不良。适宜的土壤含水量为

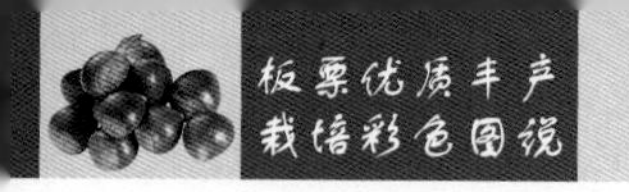

30%~40%，土壤含水量下降到10%时植株停止生长，下降到9%时植株出现凋萎。土壤湿度大，果园长期积水，极易影响根系尤其是菌根的生长。因此在雨季应当注意果园排水、防涝。地下水位高，地势低洼的地方种植板栗，应当开深沟，以利排水、防涝。

此外，板栗是风媒花果树，花期微风有利授粉，应根据花期的主要风向决定授粉品种树的配植排列，这样才能保证主栽品种获得良好的授粉。

第一节 嫁接繁殖

嫁接是目前板栗育苗繁殖的主要方式，是把优良品种植株上的芽或带芽枝条接到实生砧木苗的枝干上，并使之生长成苗的繁殖方法。通过嫁接能够保持优良品种的特性，结果早，一般种植3年就可以开花结果。

一、砧木的选择

1. 砧木种类

板栗嫁接所用砧木的方式有本砧、共砧和野板栗砧。本砧是以本品种的实生苗作砧木，本砧嫁接亲和力强，能够比较好地保持母本性状。共砧是用其他栽培品种的种子播种所繁殖的实生苗作砧木，不同品种之间的砧穗组合表现有一定的差异。野生板栗作砧木，嫁接成活率比较高，植株矮化，但树势较弱，产量低，寿命短，生产上应用极少。

2. 砧木种子选择与处理

秋季果实成熟时，从丰产树上选择无病虫、个头较大、充实饱满、充分成熟的栗苞果实作种，最好是栗苞开裂自然落下的种实，或是从栗苞来裂 1/3 以上的栗苞上取种。刚采收的种子会放出大量的呼吸热，应放在凉爽湿润的环境中散热，选好健康饱满的种子用 50% 甲基托布津 100 倍液浸种消毒 5 分钟，晾干后直接播种。如果要以后播种，要用沙藏或冷藏方法处理。室内沙藏时先在地面铺上含水量为 20%~25% 的干净细沙（湿沙以手握成团一松即散为宜），厚度 10~15 厘米，再将种子放入沙上，然后按一层湿沙一层栗实排放好，种沙比例为 1 ∶ 5。贮藏过程中要防鼠害，定期检查，防止高温引起霉变和积水。有冷藏条件的地方，用聚乙烯保鲜袋包装，在 1~4℃的条件下贮藏，播种时取出。

砧木种子的沙藏处理

二、大田露地育苗

1. 苗圃准备与播种

（1）苗圃地选择与播种前准备　苗圃要求交通便利、光照良好，选用土层深厚、富含有机质、肥力较高、排水良好、灌溉方便、pH5.5~6.5 的沙壤土作为板栗苗圃地。先深翻平整土地，每亩（亩为废弃单位，1 亩 = 1/15 公顷≈ 666.67 米 ^{2}）施充分腐熟的优质农家肥 3 000 千克、磷肥 50 千克，与土壤混匀、整碎，整长 40 米、宽 1.2 米的低畦平厢，畦沟深 12 厘米左右。

（2）播种育苗

① 育苗时期。在广东板栗播种一般采用春播（2—3 月），也有地方采用秋播，春播比秋播更佳。如果在秋季播种，应当做好防寒措施。春季当地土壤温度稳定在 10℃以上时即可播种。

选择排灌方便、肥力较高的平地作圃地

② 播种育苗。播种宜用横行条播，将经过沙藏的种子按 15 厘米间隔距离平放于沟内。注意种子应平放，尖端朝向一侧，不要将种子直放或倒放，以免影响芽和根的生长。采用不移苗处理的播种行距为 20~25 厘米，株距为 15~18 厘米，深度为 4~5 厘米，覆土后用稻草覆盖厢面。

播种时种子摆放方式

左：种子平放（正确）；中：倒放（错误）；右：直放（错误）

板栗种子大，容易招致鼠害。为防止播种后种子遭鼠害，可用硫黄加草木灰拌种，或用溴敌隆灭鼠。硫黄加草木灰拌种，按种子100千克、硫黄粉400克、草木灰2千克、黄泥适量的比例，先将黄泥和水混成匀浆，放入种子使种子表面沾上一层混浆，再取出种子，又放在硫黄与草木灰的混合物中拌匀，使种子表面再蘸上一层硫黄与草木灰，即可播种。用溴敌隆灭鼠时，将0.25%溴敌隆液剂25毫升拌饵料2.5千克，饵料可用小麦、大米、玉米碎粒，也可用马铃薯块、红薯块、胡萝卜小块随拌随用。拌好的饵料堆或撒在播种的苗圃地中。这种诱饵对鼠的适口性好，也较安全。

播种

播种后覆盖

播种后设置拱棚覆薄膜保温保湿

出苗后，气温升高即揭去覆盖物

③拱棚育苗。在华南地区，板栗果实一般在9—10月成熟采收。收种后由于板栗果实水分含量要求高，贮藏难度比较大。可以在秋冬季采用拱棚育苗方式播种育苗，省去种子贮藏环节。

播种15~20天即可出苗。晴天中午要揭开拱棚两头薄膜作短时间通风，夜间气温过低时，要用杂草或稻草覆盖拱棚。当棚内温度达到25℃时，延长通风时间。随着苗木的生长，适应力的增强，棚内温度达到30℃时，应及时揭棚，防止棚内温度过高。

2. 砧苗管理

（1）水肥管理　板栗播种后的管理是一项技术性较强的工作。播种结束后要浇透水，以后见干浇水。种子发芽后揭草，及时拔除杂草，拔草时，要一手压住苗木根部，以防将苗带出。在8月以前每月追施薄氮肥1次，9—10月施有机液肥加薄氮肥。为加速其生长，可用0.3%尿素进行叶面喷肥。在生长季要注意做好排水、中耕、除草及防治病虫害等工作，及时喷退菌特500倍液防止立枯病的发生。雨季要排水防涝。

（2）间苗或移苗

①间苗。幼苗生长到苗高5~8厘米时剔除弱苗、畸形苗、发病苗等。

②移苗。采用移苗法处理时，幼苗生长到10~15厘米后进行移苗到嫁接圃。移苗时应防伤根太重，过长的主根可适当剪短。移苗前灌（淋）足水。移苗时用小铲挖起小苗，注意保持根系完好，尽快运输到移植圃种植。种植的株行距以20厘米 ×25厘米为宜。种苗时要求根部与土壤密贴，压实，不歪倒，淋足定根水。移苗后要经常淋水保湿。植株生长正常后施入稀薄水肥，以后每月施肥1~2次。

间苗或移苗后，要及时防治病虫害，主要是红蜘蛛、白粉病等。红蜘蛛用阿维菌素4 000倍液加灭扫利3 000倍液喷施；白粉病用25%粉锈宁1 500~2 000倍液喷施。苗高60~80厘米时剪顶，促进加粗生长。当年苗木生长到高度80厘米、茎干基部粗度0.8厘米时即可进行嫁接。

植株生长正常后施入稀薄水肥

3. 嫁接

（1）接穗的选择与处理　接穗应采自优良品种盛果期树丰产母树上发育良好、充实健壮、无病虫害、径粗 1 厘米左右的一年生枝条，结果枝是最优良的接穗，嫁接成活率高，抽枝粗壮，结果早，其次是普通生长枝，不要选用徒长枝，以采集母本树的树冠中上部外围发育良好的枝条。接穗采集时间以发芽前 20~30 天为宜。一般随采随接的接穗新鲜、水分充足，嫁接成活率最高，因此，如果是在当地嫁接，最好随采随接。若冬季或早春剪取接穗或需到外地引种，接穗必须进行保湿处理才能运回本地沙藏，同时沙藏时间不宜超过 30 天。保湿处理一般是将接穗两端分别在加热至 80~100℃的蜡液中浸渍 1~2 秒钟以保持枝条水分，蜡封处理冷却后，每 20~30 根一捆，竖直摆放，用干净细沙填充，湿度维持在 30%~35%，贮藏温度以 2~5℃为宜，不要低于 0℃或高于 10℃。接穗的保存质量要求是嫁接时仍新鲜、无霉腐现象、含水充足、无冻害、芽未萌动。

与柑橘等其他果树种类相比，板栗嫁接的成活率比较低，这是由于板栗接穗切口极易氧化。将冬季贮藏的板栗接穗用 ABT 生根粉浸泡后再进行嫁接，嫁接成活率可以提高 26%~30%。

溶解性嫁接薄膜

嫁接刀具

（2）嫁接时期 在南方春接和秋接均可，但以春接成活率高，苗木生长健壮。春接于砧木树液开始流动芽已萌动时进行为妥。以气温 18~20℃嫁接最适宜，广东以 3—4 月为嫁接适期。若预先贮藏（湿沙藏或塑料薄膜密封冷藏均可）未发芽的接穗，还可嫁接至 5 月中旬。秋接于天气转凉爽的 9—10 月进行。

（3）嫁接方法 板栗嫁接方法有切接法、劈接法、单芽腹接法、芽苗砧嫁接法、插皮接法、插皮舌接法、合接法等。

① 切接法。切接法是板栗比较常用的嫁接方法，成活率高，操作简便，一般适于砧木直径 1 厘米左右的砧木。基本嫁接操作如下。

剪砧削砧：先将砧木在需要嫁接的部位剪断，再从砧木苗剪口截面直径 1/3 处用嫁接刀劈一垂直切口，长约 4 厘米。切面长度约短于接芽 0.2 厘米，切面也要平滑，以利愈合。

削穗：选择新鲜、叶芽饱满的芽作接穗。接穗留 1~3 个芽剪截，先在芽下部 2 厘米处往芽的一侧按 45° 角将穗条削断。然后，用嫁接刀在芽的另一侧从上往下将穗条的皮层和木质部削除削成相对的 2 个削面，长削面长度同砧木劈口，短削面长约 1 厘米。最后，在芽上部 2 厘米处截断，使接穗下切口为楔形，穗条长度在

4 厘米左右。

插接穗：将接穗长切面对准砧木切口插入砧木劈口，放接穗时务必使穗砧形成层两侧或一侧相对正，并使双方的下切口和削面密接。放接穗时务使穗砧形成层两侧或一侧相对正，并使其紧贴。

包扎：用嫁接用溶解性薄膜带，自下而上螺纹状包扎接口。包扎要紧，注意不要碰伤接芽，同时要注意防止接穗移动错位。

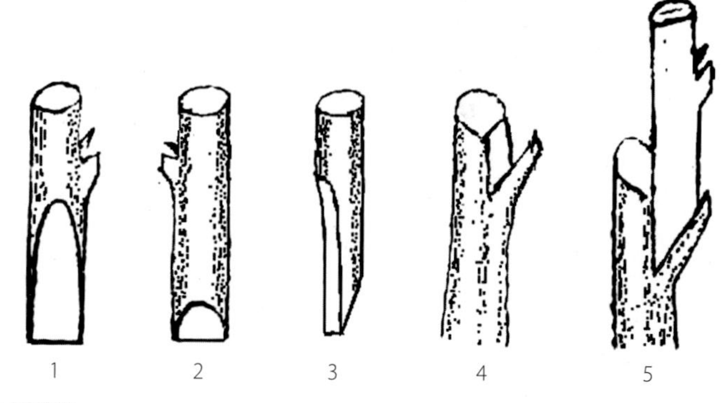

切接法

1. 接穗长削面；2. 接穗短削面；3. 削接穗的侧面；4. 切开的砧木；5. 插入接穗

② 劈接法。砧木粗度以 1~2 厘米为好。将接穗下部削成长楔形，两削面长度一致，约 4 厘米，并使削面部分一侧稍厚，另一侧稍薄。下刀应从距下部芽 0.5 厘米处开始，以免下部芽受损。将削好的接穗下部衔在口中，减轻削面氧化。再将砧木在离地面 5~10 厘米处剪断，选平直的一侧，用嫁接刀于断面中心垂直劈一切口，长约 5 厘米。把接穗厚面向外，薄面向里插入切口，务必使厚面形成层与砧木形成层对齐。接穗削面上端应高出砧木截面 0.3 厘米，以利愈合组织的产生。然后用薄膜条（黑色的为好）将嫁接部位绑严扎紧，以牢固接穗和防止水分蒸发。此法苗木生长旺盛，抗风力强，但成活率稍低于插皮接。

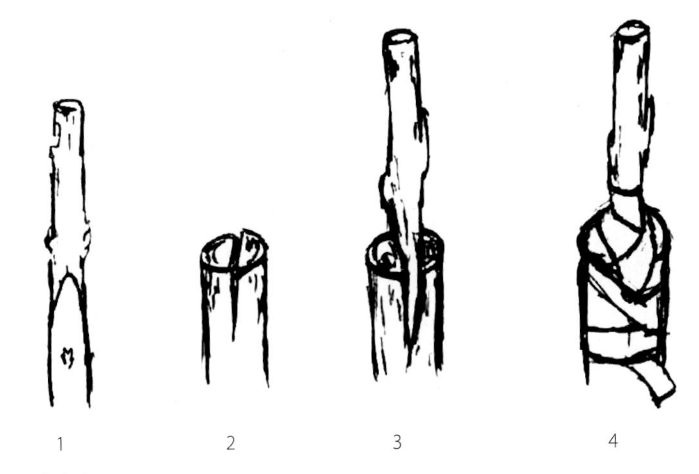

劈接法

1. 接穗削成长楔形；2. 砧木断面中心劈切口；3. 接穗插入切口；4. 薄膜条包扎

劈接法砧穗愈合表现

③ 单芽腹接法。在砧木的平滑部位用刀切出“T”形切口，大小比接芽稍大，用刀从接穗中芽的上方削取接芽，深度略带木质部，然后将接芽插入切口，塑料薄膜条绑扎时让芽眼外露。嫁接时可以 2 人一组流水作业，1 人削接芽，1 人削砧木切口和放接芽包扎，以提高嫁接成活率。

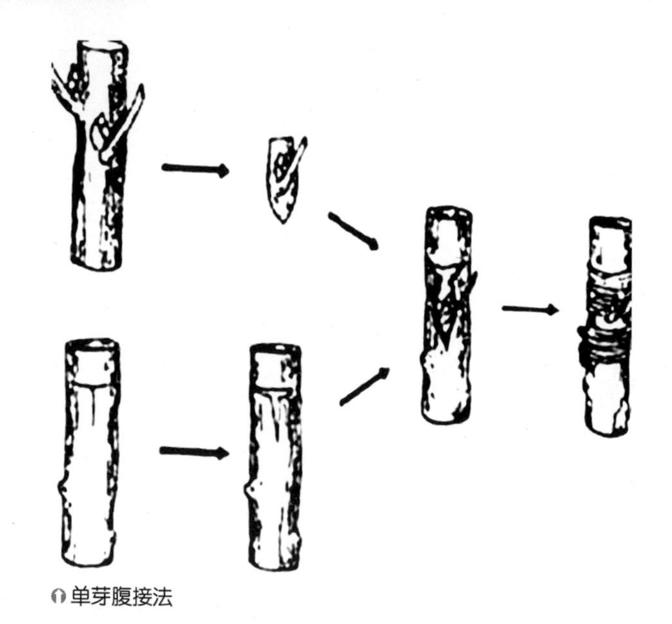
单芽腹接法

④ 芽苗砧嫁接法（子苗嫁接法）。芽苗砧嫁接法是在种子萌发后，当第一片真叶即将开展、第二片真叶出现时，剪去子叶上部的嫩梢，在两子叶柄中间作垂直切口，接穗削成较薄的楔形，插入砧苗后用塑料薄膜条绑扎。此法成活率可高达 80%，最大的优点是缩短砧苗培育的时间 1 年以上，降低生产成本约 60%，是快速繁育板栗良种苗的新途径。

⑤插皮接法。适用于嫁接部位粗度大于 2 厘米的较粗砧木，砧木芽萌动易离皮时进行。先在砧木需要嫁接的枝段选光滑无伤疤处，将砧木剪断，削平截面。用竹签在要插接穗部位于形成层处插下 3 厘米，拔出竹签。再将接穗削一长约 4 厘米的马耳形削面，削面后部厚前部薄，至最前端木质部所剩无几。将接穗削面朝里，插入预定部位。削面不要全部插入皮层内，要留出 0.3 厘米左右在截面以上。然后用薄膜条将嫁接部位绑扎严密。此法成活率高，苗木生长旺盛，但抗风力差，接穗新梢长至 30 厘米后，遇风易从嫁接部位折断。

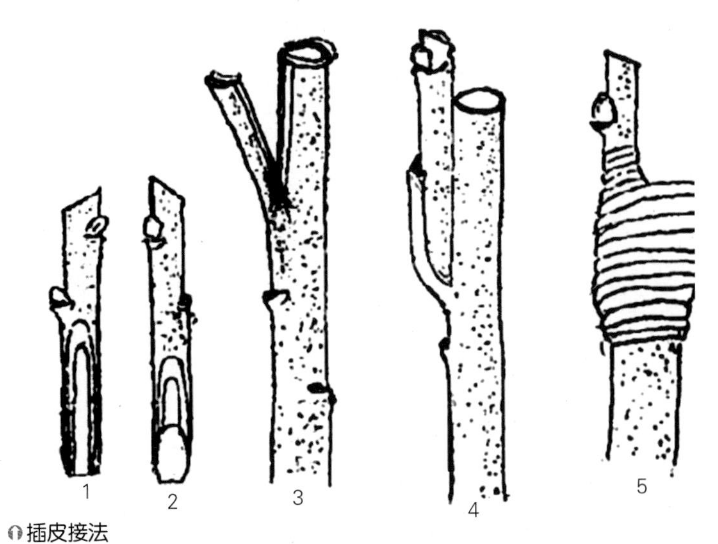

插皮接法

1. 接穗长斜面；2. 接穗短斜面；3. 砧木削法；4. 接穗插入砧木；5. 包扎

⑥ 插皮舌接法。砧穗皆离皮时采用此法。砧木嫁接部位粗度大于 2 厘米，将砧木在比较平直的部位截断，削平断面。在皮层光滑的一侧用嫁接刀削去老皮，露出绿色组织。所留皮层下部厚上部薄。削面略大于接穗的马耳形削面。将接穗下部削成 3~5 厘米长的马耳形削面，同时把削面皮层掐开，随即把木质部插入砧木皮层内，砧木皮层插入接穗皮层和木质部之间，两相含住，紧密吻合。嫁接部位严密包扎。此法成活率较插皮接法还要高，但嫁接速度慢，适于初学者。苗木生长旺盛，但抗风力差。

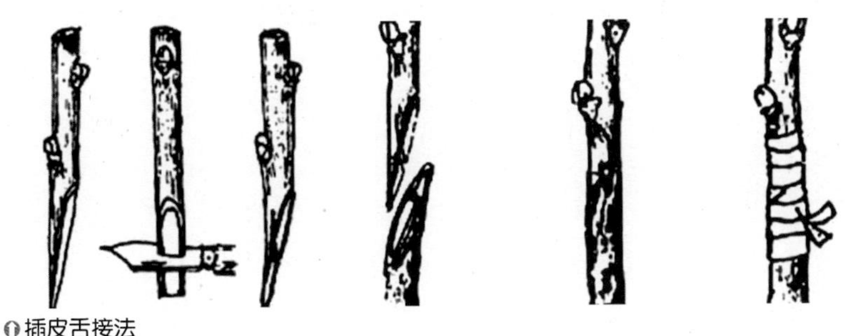

插皮舌接法

⑦ 合接法。合接要求接穗与砧木接口粗度基本一致。

切削砧木：在砧木离地面 20~25 厘米处，用枝剪剪顶，用嫁接刀由下而上斜削切面。

削接穗：选取粗度与砧木基本一致的接穗，用嫁接刀从上而下斜切一刀，与砧木切面相一致，接穗上留 2~4 个芽。

接合、绑扎：将接穗的斜面与砧木切面相对接合，形成层对齐，然后用薄膜带绑扎固定，将嫁接部位及接穗全部包裹密封。

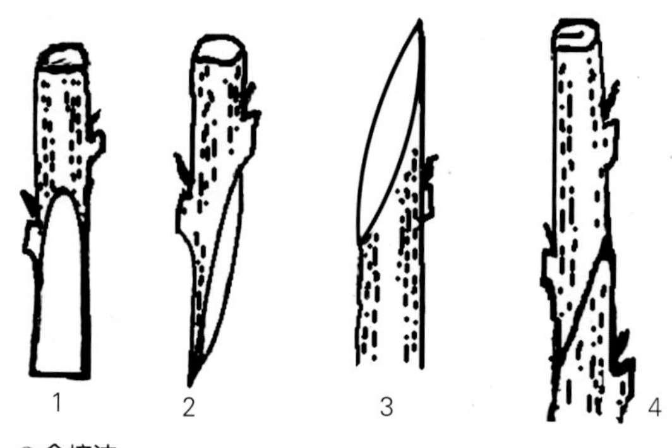

合接法

1. 接穗削面正面；2. 削接穗的侧面；3. 砧木削面；4. 接合

不论用何种嫁接方法，接穗要在良种或优树上采集发育充实、芽体饱满和无病虫害的结果枝、发育枝，不能用徒长枝，也不要采用已萌芽的穗条。最好选无风雨的阴天或多云天进行，刀要利，动作要快，接穗的长削面要平而稍长，削面在空气中暴露的时间不宜过长。因故不能立即插入时，可将其含于口中或放在盛有水的小盆中，以防止接穗中所含的单宁在空气中氧化而形成氧化膜，影响愈伤组织的形成。砧穗贴合要紧密，砧木切口要全部包扎，芽眼略露。愈合成活后要适时切开薄膜带。总之，要提高板栗嫁接成活率，一定要掌握“快（嫁接动作）、准（砧穗接口对准）、平（削面要平）、净（削面要干净）、紧（砧穗贴合要紧密）”的要求。

4. 嫁接后管理

（1）检查成活　嫁接后 15~20 天检查成活情况，未接活的要及时补接。当嫁接成活并愈合牢固后（接穗新梢生长到50~70厘米，嫁接薄膜带的伸张性达到极限），解除绑扎的嫁接薄膜带，以利接穗新梢生长。如果采用的是溶解性嫁接薄膜带，则不必解除。

（2）抹砧芽 嫁接成活后，要及时抹除砧木上的萌蘖，以免分散养分，影响愈合成活，也使接穗新梢生长良好。一般10~15天抹一次，一直抹到砧木上不萌发新芽为止。

（3）加强肥水管理及病虫害防治 接芽生长后，每月施薄肥1次，并及时中耕、除草及防治病虫害等工作，干旱季节及时灌（淋）水，雨季则要注意排水防涝。

（4）定干定梢 接穗萌芽后，如果有2个以上新梢生长，则要在新梢生长到10厘米左右时选留一条（一般是上部新梢）使之成为健壮苗干，将其余的新梢抹除。苗木长至40~50厘米高时摘心促分枝。剪顶前后攻梢肥。强壮苗上的强壮枝可能有花穗，应及早除去。分枝生长到4~5厘米时，选留位置好、分布均匀的3~4条分枝作为主枝培养。若分枝生长强旺，可第二次摘心，加速形成树冠，促进早结果。

三、营养筒（袋）育苗

板栗根系再生能力比较差，伤根后需较长时间才能发出新根，原因是板栗根受伤后皮层与木质部分离，不易愈合而生新根，伤根越粗愈合越慢，发根越晚。如早春移栽苗3~5毫米粗的根断后，要到初夏才发出新根；而5~15毫米粗的根大多数未发新根，或生长甚微。因此，大田露地培育的板栗苗由于挖苗断根的影响，栽后成活率普遍偏低，缓苗期比较长，植株之间生长也参差不齐，在肥沃园地表现稍轻，瘠薄山地种植则更为严重，有些地块需要几次补植，方可将栗园建成。利用营养袋育苗，苗木出圃时不需要挖苗，带土种植，根系齐全，基本没有伤根现象，便可避免上述问题的产生。因此，有条件的地方，可以采用营养筒（袋）育苗方式进行育苗。如果结合大棚等人工设施进行育苗，则可以提早出苗。

营养筒（袋）育苗场地

1. 营养筒（袋）

用于嫁接苗的营养筒（袋）由聚乙烯吹塑而成，一般规格为高32厘米，容器口宽12厘米、底宽8厘米，梯形方柱，底部有2个排水孔，能承受3~5千克的压力，使用寿命3~4年，营养袋则可以用一次性塑料育苗袋。板栗是大粒种子，根系发达，营养筒（袋）不能过小，营养筒（袋）的直径不能小于10厘米，深度不能小于20厘米。同时板栗根系的穿透力很强，塑料膜不能过薄，以稍厚为好。

2. 营养土配制

营养土要求有机质含量高、通透性好、各种养分比例合理。营养土一般用泥炭土、菇渣、甘蔗渣、谷壳、锯木屑等材料作基质，配以红壤土、细河沙等，再添加麸粉和复合肥等配制而成，各地可根据实际就地取材。通常可用基质加入30%红壤土，混合30%细河沙、1%麸粉和1%复合肥配制营养土。配制营养土所用的基质要经过沤熟腐烂和无害化处理，河沙干净，红壤土最好不要取自板栗园或种植过其他作物的田地，以免带入地下害虫。配制营养土的各种材料要充分混匀，经过消毒处理。配制前泥炭土和渣肥须粉碎，氮、磷、钾等营养元素按适当比例加入，然后将配制好的营养土用锅炉产生的蒸汽消毒40分钟左右，冷却后即可装入育苗容器。

也可将营养土堆成厚度不超过 30 厘米的条状带，用无色塑料薄膜覆盖，在夏、秋季高温强日照季节置于阳光下曝晒 30 天以上。

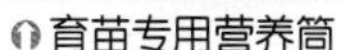
育苗专用营养筒

育苗专用营养袋

营养土装袋

3. 播种育苗

营养筒（袋）育苗通常采用直接在营养筒（袋）播种育苗的方式，省去移苗环节，也可以采用容器（育苗盆等）播种，出苗后移苗到营养筒（袋），或利用大田苗移栽到营养筒（袋）。

采用营养筒（袋）直接播种育苗时，先将袋内装营养土至袋口 6~7 厘米处（七八成满）并压实，在土面中央放入 1 粒微露胚根的种子，再覆土 3~4 厘米。浇透水，待水渗下后再覆土 1~2 厘米。然后将袋紧密相靠排放，依照地形条件排行，一般以 6~8 筒（袋）一行，以方便日后嫁接管理。播种后经常喷水保持袋内土壤湿润。

采用幼苗移栽到营养筒（袋）的方式，待幼苗生长到 15~20 厘米高时可以移苗到营养筒（袋），移苗后淋足定根水。

4. 肥水管理

育苗筒（袋）水分主要靠外界补充，播种或移苗后每 3~5 天淋水 1 次，以保持营养土湿润。苗木出齐后，浇透水 1 次，使苗木利用子叶中贮藏的养分加速生长。肥水管理采用液体追肥或叶面喷肥方式。其他管理措施基本同大田露地育苗。

用营养筒（袋）培育的幼苗生长到能够嫁接时，可以直接在营养筒（袋）上进行嫁接。嫁接方法及嫁接后的管理同大田露地育苗。

第二节 扦插育苗

扦插育苗即取植株营养器官的一部分，插入疏松润湿的土壤或细沙中，利用其再生能力，使之生根抽枝，成为新植株。扦插育苗获得的自根苗具有性状稳定、成苗快、苗木整齐、早结丰产等优点，技术简便，可节省大量种子，降低育苗成本，便于保持母本的优良性状，又可避免嫁接的麻烦，缩短育苗周期，加快优良品种的扩大繁殖，可以作为嫁接育苗的一个补充。但是板栗枝梢扦插生根难度比较大，成活率低，对繁殖材料及扦插环境的要求严格。

一、扦插时间

板栗扦插育苗主要利用春季抽发的营养枝做插穗。在营养枝达到半木质化程度时即可剪取进行扦插育苗。因此，一般在 4 月下旬到 6 月进行嫩枝扦插。7 月以后随着枝条木质化程度的发展，生根难度加大，成活率明显下降。

二、扦插设施与环境

板栗嫩枝扦插对环境的要求比较高，空气湿度要大，温度要适宜。扦插环境温度要保持在 20~25℃，空气相对湿度保持在 95% 以上，因此，扦插必须要有能够调节温度和湿度的相关设施。扦插设施（育苗大棚）采用钢架结构，也可以用水泥柱建造棚柱，棚顶用钢丝作架，用塑料薄膜封闭，上盖遮阳网，大棚设置喷雾装置。棚内建设若干个苗床，床面铺 20 厘米厚的洁净河沙。没有建设育苗大棚的地方，可以选择背风、地势平坦、土层深厚和靠近水源的地方（最好在遮阴比较好的疏生林下）建造简易育苗棚，用竹条搭成拱形支架，以塑料薄膜封闭，棚顶设置遮阳网，棚顶高出地面 0.8~1.2 米。扦插棚一端设棚门，棚门平时要关闭，以利于棚内保湿。

在大棚设施内设置扦插棚

在山涧搭建扦插棚

疏林下建造简易扦插棚

三、插穗选择

板栗插穗选择是扦插育苗的关键措施之一。实践证明，已经木质化的硬枝扦插生根极少，不适宜作插穗，半木质化的嫩枝扦插，生根比较快，容易成活。剪取插穗的母树的树龄对插穗生根也有很大影响，从老龄树上剪取插穗生根难，在2~3年生植株上剪取的插穗生根时间早，出根多，效果好。剪取插穗时，从有龄健壮母树选取当年半木质化营养枝。要求插穗叶片肥大、色艳，插穗下剪口的粗度在 0.3 厘米以上。从母树上剪下枝条后，取其中下部作插穗用，摘去插穗下部的叶片，保留上部 3~4 个叶片，长 10~15 厘米，将插穗每 50 根捆成一捆，放于阴凉处准备进行处理。

四、生根处理

生根是板栗扦插育苗的关键。插穗在扦插前应当用生根促进剂处理，才能促进生根，保证扦插成活率。目前，已经试验证明有促进生根效果的植物生长调节剂有 ABT 生根粉、NAA、IBA、6–BA、2,4–D 等。河北省遵化市林业局魏敏宣介绍，剪取的插穗先用 4% 的生根预处剂处理，将插穗基部 6~7 厘米浸泡 2 小时，然后在 16% 的生根促进剂（自行配制）浸泡 6 小时，效果良好。华中农业大学涂炳坤等介绍，插穗用 HL–43 生根剂（自行配制）处理 5 秒钟，生根率 80% 以上。

五、扦插

扦插前用 0.3% 高锰酸钾溶液将插床的沙层喷透，进行消毒灭菌。按株行距 4 厘米 ×8 厘米的规格将用生根促进剂处理后的插穗插入，插穗顶部保留半叶，深度 6~8 厘米。插后轻轻压实，喷水。

插穗顶部保留半叶扦插

扦插苗无主根，水平根发达

六、扦插后的管理

1. 控温保湿

扦插棚内及时喷雾是控温保湿的有效措施。通过喷雾，使棚内温度保持在 20~25℃，最高温度不高于 30℃，空气相对湿度保持在 95% 以上，土壤含水量保持在 10%~15%。板栗插穗一般在插后 10~14 天开始生根，20~28 天是大量生根阶段，以后出根减缓，35 天后未出根的插穗基本上不能够生根成苗。插穗生根前要保持每天喷水 2~3 次，遇高温天气，适当增加喷雾次数，必要时可同时在棚顶喷水。阴雨冷凉天气适当减少喷雾次数。在插穗生根后一般 1 天喷雾 1 次，35 天后便可以逐步减少喷雾次数直到停止喷雾，开始炼苗。

2. 调整光照

在插穗生根期间，对扦插设施进行遮阴，保持透光量在 20%~30% 为宜。插穗生根后逐渐增加透光量，天气转凉后可将遮阳网撤除，处于全光条件下。

3. 清洁环境

为预防因病害引起的插穗腐烂，要随时清除棚内的落叶及杂草，并每隔 10 天左右喷 1 次多菌灵 1 000 倍液、0.3% 高锰酸钾或其他杀菌剂进行杀菌消毒，将叶片和插壤喷湿。

七、移植

扦插苗成活经过一段时间炼苗后即可移植到苗圃，起苗时注意保护根系完整，避免移植不当造成损失。移植到苗圃的管理同嫁接苗的田间管理。冬季进行起苗移植，不立即种植的扦插苗在起苗后，应假植越冬，翌年春季取出移植。扦插苗移植到苗圃培植 1 年以后即可田间定植。

第三节　苗木分级与出圃

一、苗木分级

1. 起苗

嫁接苗经过 8 个月左右的培育管理，苗木主茎达到 0.7 厘米以上、有 2~3 次枝梢老熟、主枝 3~4 条且分布均匀，便可出圃。苗木出圃时间一般在末次枝梢老熟后或萌芽前。在正常管理情况下，春接苗冬季落叶后即可出圃定植；秋接苗则需培育至翌年冬季才能出圃，以保证苗木质量。在生产上，具体出苗时间要根据用苗的需求而定。出圃时应当选择气温比较高、无大风天气。起苗前 2~3 天灌一次水，以便挖苗。板栗直根强大，入土比较深，侧根比较少，根系的再生能力弱。因此，起苗时要求深挖，尽量保护细根不受损

嫁接苗培育 8 个月左右即可出圃

秋植气温高，未落叶种植，宜用专用起苗器带土起苗

伤，主根至少保留 20 厘米。最好带泥团起苗，裸根苗要用稀泥浆根，既保护根系，减少损伤，又保持根系湿润。浆根可以用稀泥浆加入一些肥料和杀菌剂，这样既可消毒，又可以促进苗木生长。

2. 分级

出圃的苗木必须达到应有的质量标准。起苗后即对苗木进行分级，挑除达不到生产种植要求的弱小苗、嫁接口愈合不牢固的苗。

（1）壮苗基本条件　一年生嫁接苗壮苗应当具备的基本条件是：根系基本完整，侧根 5 条以上，须根较多；枝条充实，整形带（50~80 厘米位置）芽体饱满，嫁接愈合良好，无病虫害和机械损伤；植株高度 80~120 厘米。

（2）分级标准　按照主要造林树种苗木质量分级标准（GB 6000—1999），板栗具体分级标准为：Ⅰ级苗，苗龄 1~2 年生，地径大于 0.8 厘米，根系长度 28 厘米，大于 0.5 厘米的一级侧根数 30 条；Ⅱ级苗，苗龄 1~2 年生，地径 0.7~0.8 厘米，根系长度 26 厘米，大于 0.5 厘米的一级侧根数 25 条。

采用扦插育苗方式培育的扦插种苗，可以参照上述分级标准进行分级。

二、苗木检疫与消毒

苗木出圃前，应当喷施（或浸苗 10~20 分钟）1% 波尔多液或多菌灵600倍液，进行杀菌处理，防止病虫害的传播与扩散。运输到外地的苗木要按照国家有关规定进行检疫并附有检疫合格证书，严禁有检疫对象的苗木调出。

三、苗木包装、运输

起苗分级后，按苗木级别、一定数量进行包装。近距离运输种植可以用常规简易打捆包装，远距离用塑料袋或稻草包装，并用碎稻草、甘蔗渣、谷壳、锯木屑或苔藓等吸湿性好的材料填充，以便保湿护苗。一般每10株扎成一小束，每50~100株为1捆，每捆苗木挂上标签，标明品种名称、起苗日期、苗龄、数量、等级、批号等，运输到外地的苗木还要附检疫合格证书。营养筒（袋）苗调运时不需要打捆包装，连营养筒（袋）一起外运。

包装好的苗木可以直接运送到种植地种植。装车外运时，将扎成捆的苗木竖立或叠放装车，但不可重叠过高，应轻拿轻放，避免损伤根系和枝条。营养筒（袋）苗调运时有保持营养筒（袋）完好，要分层装车，不要乱堆放在车上。运输途中，必须采取保湿降温措施，保持根部湿润，严防风吹日晒、雨淋、落叶损根。

起苗后，苗木如果不能立即外运，要进行假植处理。苗木运到目的地后，应立即进行定植或假植，以防止苗木枝梢和根系失水或干枯。苗木假植方法见“第四章第二节定植”部分。

不能够及时种植的苗木进行假植，以防止苗木枝梢和根系失水或干枯。

第一节 果园建立

一、山地果园的建立

1. 园地选择

园地是生产的基础，是决定板栗产量和品质的重要因素之一。只有选择在适宜的环境中建园，才能达到丰产优质的目的。板栗对土壤的适应性较强，山地、平地和河谷沙滩地都能种植。但由于不同的地方其地形、地貌不同，土壤、水源条件差异很大。因此建园时果园规划，必须区别对待，做到因地制宜改良土壤，以创造板栗生长发育良好土壤环境。园地选择需要考虑的因素主要包括地形、地貌、土壤状况、灌溉用水、地下水位、气候特点、交通状况及污染源位置与距离等。板栗为深根性树种，根系发达，寿命可达百年以上，因此种植园地宜选择在远离公路主干线 50 米以上，周围没有污染源对园地构成威胁，坡度 25° 以下，土层深厚、有机质含量较高、土质疏松透气、排水良好、pH 5.0~6.5 的砾质、沙质壤土为好。板栗种植宜选择在坡度 25° 以下的低山丘陵坡地建园，坡度比较大的宜选择在山坡中下部建园。

山顶保留水源林，防止水土流失

板栗虽然比较耐旱，但要获得高产，在需水量较大时仍然要供给足够的水分。我国南方虽然雨量充沛，但雨水分布不均，秋季经常发生干旱，此时缺水将对板栗生长和产量产生很大影响。因此种植园地宜选择在距离水源比较近、容易引水灌溉的地区。板栗根系不耐水浸，在低洼地建园时应当选择在地下水位 1 米以下的区域，并开挖排水沟。

2. 果园规划

（1）小区规划　根据园地的规模、地形、破向和土质等特点，以及道路和排灌系统的布局进行规划。生产规模比较大的大中型果园依据地形、坡向和土质可以把全园分成若干个大区，每个大区再划分为若干个小区。每个小区的面积大小灵活掌握，一般平缓地小区面积 1~1.3 公顷，丘陵山地小区面积 0.3~1 公顷为宜。小区的形状以长方形为好，丘陵山地小区的长边应当与等高线平行。风害比较大的地方，长边应与有害风向垂直。为了便于生产管理和板栗树各品种间的互相授粉、提高产量，板栗树应实行连片种植。板栗园根据地形条件选择为三角形、正方形和梯形。

（2）道路系统规划　果园道路一般包括主干道、支道和小路等。主干道路是全园的交通干线，宜硬底化设计，宽 4~6 米，贯穿全园，能通往每个小区和山头，连通办公室、仓库、肥料基地及外面公路，可通货车，方便运送农药、肥料和果实等。主干道最好沿山脚或山脊，坡面过长时，应在半山腰加设一条环山道，陡坡山地道路应环山弯曲而上，成“之”字形绕山而上，并形成回路，以利于行车和防止水土流失。小区之间修建支道，宽 3~4 米，设在小区之间与主道相连。小路又称作业道，是田间作业用道，如行驶小车或机动喷雾器等，路面宽 2 米左右。区内修建宽 1~2 米的小道，与支道相连。也可每隔 3~4 行果树，设一加宽行作小道（加宽 1~2 米）。

（3）排灌系统规划　果园的排灌系统包括主渠、支渠和毛渠三级。根据园地规模、地形地势设立排灌系统。建园的坡地应靠近水源，或附近有可以建造蓄水池的地方，以便建筑水池、水库，保证干旱季节能够灌溉。水源好的果园要搞好提灌设施建设，水源差的果园，为了便于配置农药及水肥，每 20 亩地需要设置一个容量 25 立方米的水池或粪窖，常年贮水备用。可以在坡地高处建水塔或蓄水池，然后通过水泵或水渠将水送入水塔或蓄水池，再由它们向输水管道供水，形成自压灌溉系统。排水沟分为直向排水沟和横向排水沟，除利用天然沟外，大型果园每隔 100 米设一条深 50 厘米、宽 60 厘米的直向沟，横向沟可结合支道路两侧设置并与直沟相连。坡度大于 15° 的果园应在果园顶和果园山脚下各开一条深 60 厘米、宽 100 厘米的环山拱沟，果园要安装引水、提水系统。土壤透气性良好的果园，排水渠道可与灌溉渠道结合起来。平地果园可以排、灌两者合二为一，涝时排水，旱时灌溉。涝洼地果园，每一个行间都要挖排水沟，沟深和宽视涝洼程度而增减，最终把果园整成“台田”。山地果园挖好堰下沟，防止半边涝。

有条件的地方，可以建设喷灌或滴灌设施。喷灌较渠道灌溉节约用水 50% 以上，并可降低冠内温度，防止土壤板结。喷灌的管道可以是固定的，也可以是活动的。滴灌是通过一系列的管道把水一滴一滴地滴人土壤中，设计上有主管、支管、分支管和毛管之分。主管直径 80 毫米左右，支管直径 40 毫米左右，分支管细于支管，毛管最细，直径 10 毫米左右，在毛管上每隔 70 厘米安一个滴头。分支管按树行排列。每行树一条，毛管每棵树沿树冠边缘环绕一周。滴灌的用水比渠道灌溉节约 75%，比喷灌可节约 50%。

在果园高处设置蓄水池，保证水分供应

（4）果园其他设施　果园应规划管理用房、包装场、药物配制室、水电设施及养猪场、养鸡场等。

包装场尽可能设在果园的中心位置，药池和配药室宜设在交通方便处或小区的中心。如山地果园，畜牧场应设在积肥、运肥方便的稍高处。有一定规模的板栗果园，一般板栗种植占地 90%，道路占地 4%~5%，办公管理用房、蓄水池、粪池共占地 5%~6%。

3. 山地果园的水土保持

山地建园因地形、地貌复杂，土层和坡度变化大，水土保持是关键。在丘陵山地建园种植板栗，为了减少和避免水土流失，建园时应当采取合理的水土保持措施，保持果园良好的环境条件，做到既能提高山地经济效益，又不造成水土流失和破坏生态环境。

（1）修筑梯田　该方法适用于坡度比较大（坡度 15~25°）的坡地。在山坡上修筑梯田，保水保土能力强，便于生产管理操作。梯田面有水平式、内斜式、外斜式等几种类型，梯田坡度不超过 5°，在多雨地区宜选用内斜式内斜式，以利于保持水土。梯面宽一般 3~5 米。修筑好梯田后，根据预定的株距挖（80~100 厘米）×（80~100 厘米）× 80 厘米的种植穴，在种植穴内分层压埋表土、土杂肥和石灰，并把种植穴培埋成高 20~30 厘米的土墩，1~2 个月后在土墩上挖穴植苗。

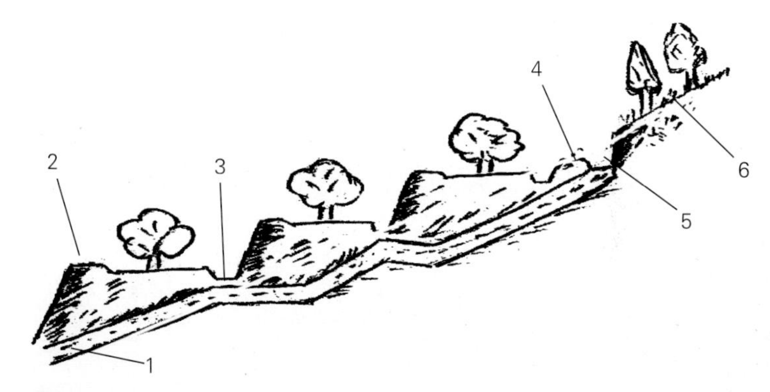

修筑梯田示意图

1. 纵排水沟；2. 梯级外侧土埂；3. 梯级内侧排水蓄水沟；4. 环山沟土埂；5 环山阻水沟 6. 水源林

单行式种植梯田

双（多）行式种植梯田

（2）等高种植　在坡度较缓（坡度 8~15°）的地区，采用等高种植。根据预定行距，测出种植行的基线上根据预定的株距挖长、宽、深规格为（80~100）厘米 ×（80~100）厘米 ×80 厘米的种植穴；压绿、埋穴后 1~2 个月后便可以植苗。

等高种植

（3）鱼鳞坑种植　坡度较大或果园环境比较差，不能够修筑梯田或等高种植时，可采用鱼鳞坑种植方法。鱼鳞坑要水平定位，等高排列，上下错落有序，一般在定植前一年挖好深 1 米、宽 1.3 米、长 1.6 米的长方形大坑，坑的外沿培一个高出地面的弧形埂，埂高 50 厘米，底宽 40 厘米，加入草皮土，将水土保留在坑内供植株生长，经过雨季土壤熟化有利苗木成活。按株行距定点，在点上挖长、宽、深规格为 80 厘米 ×80 厘米 ×80 厘米的种植穴，分层压绿埋穴后 1~2 个月后植苗。

鱼鳞坑种植穴

二、平地果园的建立

1. 园地选择

平地包括缓坡地、水田、河谷等区域，地势开阔，地面起伏不大，建园相对比较方便。平地土质比较肥沃，地势平缓，水源比较充足，但地下水位高，易积水。选择在平地建立果园，地下水位应低于地表 1 米以上，要根据地下水位的高低，重点解决排水问题。

2. 果园规划

根据园地的地形结合道路系统和灌溉系统的规划，将果园划分为若干个小区，每个小区的面积 0.7~1 公顷。小型果园可不分区。小区最好为长方形，长边与风害发生的方向垂直，以减轻风害的影响。灌溉系统的规划一般是将地面做成宽度为 2~2.5 米的平畦后开沟修建可以通过汽车的主道路，在道路两旁修建深 0.8~1 米的排灌总渠，并连通种植畦之间的三级排灌渠与二级排灌渠连通，横竖水沟畅通，以利排灌。园地四周宜营造防护林带，所用树种不应与板栗具有相同的病虫害。小区内的规划有下列几种形式：

（1）平缓地不开沟种植式　此法适用于地下水位高的山脚平地、缓坡地建园。整片果园不开沟分隔，仅在果园四周挖 30~50 厘米深的旱沟，按照种植规格开浅穴定植。

平缓地不开沟式建园种植

（2）低畦旱沟式　在地下水位较低、土质疏松易灌水的水田或河流冲积地建园可采用这种形式。先按预定种植的行距修成低畦；再在畦面按预定株行距种植。在两畦间开旱沟，并与果园四周深沟相连，以利排灌水，果园四周深沟深 50 厘米左右，沿道路开设。

（3）浅沟低畦式　水源少，缺水的旱地采用。按预定的种植行距开浅沟起畦，畦宽 3 米左右、高 20~40 厘米，或每隔一畦开沟深（30~50 厘米），以利于多雨季节排水，果园小区四周开沟深 80~100 厘米，并与排灌沟相连通。

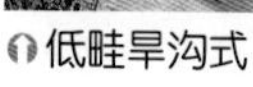
低畦旱沟式

单行浅沟低畦式种植

（4）深沟高畦式　按预定的种植行距开沟成畦，畦宽1.5~2米、高40~60厘米，单行种植，沟深80~100厘米，与小区周围的排灌沟相连通。

地势比较开阔的果园每隔2行开浅沟

地下水位高的地方宜采用深沟高畦式建园

在河谷、沙滩地建园，由于沙滩土层薄、质地差、土壤呈酸性，有机质和有效养分含量低，肥水容易渗漏，地下水位季节性变化大，雨季地下水位过高，而旱季太低，保水、保肥力差，不利于板栗树的正常生长。因此，在河谷沙滩建园，必须改良土壤、降低水位、改善土壤理化性状，提高土壤保水、保肥能力。

3. 果园设施

水田和冲积地土壤肥沃、水分充足，但地下水位高。大型板栗园一般每个区 2~3 公顷，再用排灌沟和道路将大区划分为 0.2 公顷左右的小区；小型板栗园可不分区。修建可以通过汽车的主道路，在道路两旁修建深 1 米以上的排灌总渠，种植畦之间的三级排灌渠与二级排灌渠连通。园地四周宜营造防护林带，所用树种不应与荔枝具有相同的主要病虫害。

4. 防护林带规划

板栗为风媒花，微风有助于授粉，但强风又容易产生伤害。因此，不论山地果园还是平地果园，在建园之前或同时应在园地四周规划种植防护林，以降低风速减少风害，调节空气温度和湿度，改善果园的生态环境，有利于授粉媒介的活动，也有利于明确果园边界，减少土地纷争。林带由主要树种、辅佐树种及灌木组成，乔木、灌木错落种植。树种应选择适合当地生长、与板栗没有共同病虫害、生长迅速、有一定经济价值的树种。为了不影响果树生长，应在果树和林带之间挖一条宽 60 厘米、深 80 厘米的断根沟（可与排水沟结合用）。防护林带的宽度根据立地条件而定。

第二节 定 植

一、种植时期

板栗嫁接苗主要在落叶休眠后种植，从冬季落叶休眠到春芽萌动前均可种植，以春芽萌动前种植最好。在南方地区，板栗种植主要在春季 2 月下旬至 3 月上旬植株萌芽前种植，此时气温逐步回升，光照不强烈，又有适当的降雨，苗木种植后成活率高，生长快。也可以秋季（10 月下旬至 11 月上旬）种植，秋季种植气温比较高，光照强烈，降雨少，叶片尚未完全脱落，苗木种植后要注意淋水，并用草覆盖保湿，以保证成活率高。冬季严寒的地方，最好不要秋栽，因为秋栽后伤根尚未愈合，又遇严寒易引起树体失水而死亡。

二、栽植密度

板栗是喜光的高大乔木，树体大，板栗的栽植密度要根据果园土壤的肥力条件、品种特性、地形地貌和管理水平而定，各地应当根据条件因地制宜选择栽植密度。目前常用的栽植密度株行距为 4 米 ×4 米、4 米 ×5 米、4 米 ×6 米、5 米 ×5 米、6 米 ×5 米和 6 米 ×6 米等多种规格，多数每亩栽植 27~45 株。肥力条件比较差的丘陵山地可适当密植。平地果园土地比较肥沃，水源充足，板栗生长比较快，可适当稀植。树体矮化，树冠紧凑的品种如农大 1 号，可适当密植。合理密植是提高单位面积产量的基本措施。有条件的地方，为提高早期单位面积产量，可实行计划密植的种植方式，按株行距 3.5 米 ×4 米（每亩种 47 株）的规格种植，待结果后采取修剪回缩或隔行移栽等办法使行株距变成 6 米 ×5 米的规格，以保持园地良好的光照和通风透气条件。有的地方采用的密度更大，计划密植栗园每亩栽 60~110 株，以后逐步进行隔行隔株间伐；丘陵地推行密植株行距 2 米 ×2 米，每亩栽植 166 株。正常管理条件下，2 米 ×2 米至 2 米 ×3 米株行距的密植栗园，约在定植后第 7 年达到树冠郁闭期，进行间伐，降低树冠郁闭度。密植板栗园虽然早期单位面积产量比较高，但后期的管理要求高，费工多，技术难度比较大，控制不好就不能够形成良好的丰产树形，种植过密也对病虫害防治不利，因此，板栗也不适宜提倡大面积超密植方式来组织生产，栽植密度不宜超过 110 株 / 亩。进入结果期后，平原板栗园每亩 30~40 株、山地板栗园每亩 40~60 株的种植密度为适宜。

三、配置授粉树

板栗雌雄花异熟，也是雌雄异花树种，主要靠风传播花粉，自花授粉结实率低，虽然栗树有自花结实现象，但单一品种种植通常因授粉不良而产生大量空苞，导致低产，所以新建的栗园需要配置授粉树，以提高结实率，减少空苞。一般一个板栗果园以种植配置 1~2 个花期相近的授粉品种。授粉树的种植配置比例一般为 10%~30%。由于板栗花粉容易结球，有效飞翔距离只有 20~30 米，授粉树种植配置的最远距离不超过 30 米，矮化品种不超过 20 米。授粉树在果园中配置的方式很多，主要有 2 种方式：一是确定一个主栽品种，配置 1~2 个花期相近的授粉品种，两者比例为 8 ∶ 1；二是 2~3 个品种互为授粉品种，隔行或隔双行等量种植。在小型果园中，需要保证一个品种的种植数量和产量达到一定规模，常采用第一种配置方式，授粉树中心式栽植，即 1 株授粉品种周围栽 8 株主栽品种。大型果园中配置授粉树，可用中心式或按行列式作整行栽植，通常 2~3 行主栽品种配置 1 行授粉品种。也可以采用第二种配置方式，2~3 个品种互为授粉品种。

需要注意的是，选择授粉品种时，应当配植花期相近、授粉亲和性良好的另一个优良品种作为授粉树。板栗花粉直感效应很强，即授粉受精后果实通常会表现出授粉品种的特性，因此选择的授粉品种要求其果实大小、风味、色泽等品质方面与主栽品种接近甚至高于主栽品种。同时板栗是风媒花果树，主要依靠风力传播，应根据花期的主要风向、地形变化等因素决定授粉品种树的配植排列，这样才能保证主栽品种获得良好的授粉。

四、种植方法

1. 种植前准备

板栗根系穿透力比较弱，在荒山坡地种植时，应当先进行炼山清理，根据地形特点整地。平地和平缓坡地实行全垦整地，坡度较大的坡地实行带状整地。种植前 1~2 个月进行挖穴，填埋基肥。坡度比较大的丘陵山地清除杂草后按照坡地走向进行水平整带，以免水土流失。带面宽度 2~3 米，带的中心间距不低于 4 米。平地和平缓坡地实行全垦整地。坡度较大的坡地实行带状整地，挖穴的长、宽、深规格为 1 米 ×1 米 ×1 米。土壤条件差的山地种植时，种植穴宜挖大，多挖成 1 米深、1.3 米宽、1.6 米长的长方形大坑。挖穴时将表土和底土分开堆放。回填时每穴混以绿肥、秸秆、腐熟的人畜粪肥、火烧土等有机肥 30~40 千克，磷肥 2.0~3.0 千克，饼肥 2~3 千克，石灰 0.5~1.0 千克。肥料与土壤分层回填，表土覆盖于植穴上层，并堆出高地面 20 厘米、直径 80~100 厘米土丘，在中心处挖一深 30 厘米、宽 40 厘米的浅穴备用。

2. 选用良种壮苗

开园种植是板栗生产的开始。建园质量的高低、苗木质量的好坏直接影响苗木成活率和生长发育状况，品种的优劣将直接影响果实品质和产量的多少，所以选用良种壮苗是板栗建园的关键措施。种植的苗木必须是良种壮苗，要选用经鉴定的优良品种、苗木具有典型的品种特征，达到优质苗的条件，枝条健壮充实、芽眼健全、根系发达、须根多、断根少、无病虫害和明显机械损伤，无混杂苗和劣变苗。

3. 苗木整理

一般情况下，1~2 年生板栗苗木种植成活率高，3 年生以上的苗木成活率明显下降，因此最好选用 1~2 年生板栗苗木种植。待种植的苗木运到后，应当先放在阴凉避风处，使根群保持湿润。种植前结合苗木分级进行包括枝梢和根系的修剪，剪去过长的主根和须根及烂根、干枯根、残次根等，烂根、干枯根、残次根剪到根的露白处，对过多的或位置不当的枝条也剪除一部分。如果栗苗根系少，伤根重，剪去烂根后可用 ABT 生根粉处理，以提高成活率。具体方法是：1 克 ABT 生根粉加 20 千克水，待药剂溶解后，将栗苗根部浸在药剂中 1.5~2 小时后种植，或用 1 克 ABT 生根粉加 10 千克水，配制成较高浓度的药剂，将栗苗蘸根后种植。

本地生产的苗木在种植前，宜用托布津 800 倍液等杀菌剂处理，进行一次消毒。对外地调进的苗木，应检查随苗的“植物检疫证书”，并检查树苗是否携带危险性病虫害。如发现有危险性病虫害，应当立即销毁，以防病虫害扩散。

4. 种植方法

种植时将栗苗置于穴中心，把根理直理顺，根群向四周舒展自然，扶正苗干盖上细土，盖土后将苗木略为向上提一提，使细土进入根系，再盖细土并轻轻用脚踏实，使根系与土密接。栽植深度以根颈部分高出地面 10 厘米左右为宜，嫁接苗的接口高于地表，否则容易引起嫁接口腐烂而导致死苗。种植过深，影响树体生长，延迟开花结果；种植过浅，根系外露，则影响成活。种植穴覆土时应高出地面 15~25 厘米，在树苗周围做成直径 0.8~1.0 米的树盘。栽好后插防风杆，灌足定根水，并用杂草或稻草覆盖树盘保湿。种植同一批栗苗时，最好大苗与小苗分别种植，以确保种植后的树体生长比较一致。

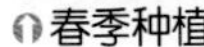春季种植

小苗萌芽

第一次枝梢生长

五、种植后管理

板栗种植后，定期浇水护苗。春季种植，雨水比较多，可以每隔 2~4 天浇 1 次水，2 周后根据栗苗生长情况和天气确定是否继续浇水护苗。如果栗苗已经生长正常，或雨水比较多，则可以停止浇水。秋季种植，高温雨少，树体蒸腾作用强，水分需求量大，最好每天浇水 1 次。在越冬前，灌溉 1 次，可提高树木的抗寒力。植株发芽展叶后，对栽植不成活的要尽快补植。

苗木定植萌芽后，及时抹除砧木部位上的萌芽，根据主干上芽的分布与萌发情况进行定干。1 年生嫁接苗，要在其生长正常后用枝剪在幼树离地面 60~80 厘米处，并根据树芽的饱满程度剪去上部树干，进行定干。定干时要注意查看主干上芽的分布情况，必须保证剪口以下有 2~4 个发育充实的芽。如果剪口以下是空节（用结果枝或雄花枝作接穗嫁接时常会出现这种情况），则要根据芽的着生情况，降低或提高定干高度。截干后，为防止树干因水分过度蒸发而干枯，可用动物油或油漆涂封截口，防止苗干蒸腾失水。

六、大苗移植

种植密度过大的果园需要移疏或果园搬迁等其他原因，很多人不舍得挖除，可以考虑进行大苗移植。移植时间一般在春季萌芽前，移植前采用枝组更新或露骨更新的方法进行适当修剪，选择阴雨天气进行移植。挖树时尽量少伤根，剪平大根伤口，用编织袋或稻草扎好护土保根。种植时剪除未老熟的新梢和部分叶片，根与细土密贴，沿树冠滴水线做树盘，淋足定根水后覆盖杂草保湿。每隔 2~4 天浇 1 次水，2 周后根据植株生长情况和天气确定是否继续浇水护苗。如果挖树时伤根重，可以在种植 10 天后淋生根粉以促发新根。要注意的是，板栗伤根后重新生根难度比较大，生长缓慢，恢复时间长。因此移植的大树树龄不宜过大，最好不要超过 3 年。

大苗移植

七、假植

如果新开果园在种植时期还没有建设完成，或压埋的基肥还没有腐熟，或受其他因素影响，不能及时种植，可以先进行假植，到时再定植。假植的容器可以采用底部有透水洞的塑料袋，或竹编的篓子等，袋或篓大小要求直径 30 厘米、深度 30 厘米左右。假植用土要求为比较疏松的菜园土。假植时选择地势平坦、不积水、向阳的地方，整齐码放，用土将假植袋或假植篓间空隙和四周填覆。假植时注意植株在容器中央，根系舒展，根土结合紧密。装袋（篓）后浇足定根水。假植期间苗木应注意肥水管理，新梢出来后，施稀薄的水肥，少施多次，切忌施用高浓度的肥料。假植时间一般不宜超过 8 个月，假植时间过长，根系在袋（篓）内打圈，不利于以后生长。假植的苗木定植时应去掉袋（篓），如果袋边根较多且已弯曲，应去掉部分与袋接触的土壤，舒展弯根后再定植。

第一节 幼年果园管理

一、土壤管理

南方板栗果园大多数建立在丘陵山地，土壤条件都较差，土壤酸性重，有机质含量低，肥力低，经常导致板栗树生长缓慢，投产迟，产量低。采取有效措施加强土壤管理，创造板栗根系生长的有利条件，是获得早结、丰产稳产的重要措施。

1. 果园土壤管理制度

（1）*生草法管理* 果园生草法是除果树树盘外，在果树行间播种禾本科、豆科等草种或利用自然生长的草类的土壤管理方法。已经结果的板栗园实施果园生草是果园土壤管理的较好较有效的方法，也是生产绿色果品和无公害果品的重要技术措施。

①果园生草法的优点。与其他果园土壤管理方法相比，果园生草法具有以下突出的优点：

有效防止和减少土壤水分流失，特别是对山坡、丘陵等易冲刷、易风蚀的果园效果更好。能增加土壤有机质含量，提高土壤肥力，土壤中果树必需的一些营养元素的有效性得到提高，改善土壤理化性质，使土壤保持良好的团粒结构。据测定，在30厘米厚的土层有机质含量为0.5%~0.7%的果园，连续5年种植优质草类，土壤有机质含量可以提高到1.6%~2.0%。果园里生长的良性杂草如霍蓟香等和一些蜜源植物，能够保护果园害虫天敌等土壤有益生物，招引蜜蜂等传粉昆虫，使果树害虫的天敌种群数量增大，控制虫害发生和猖獗的能力增强，从而减少了农药的投入及农药对环境和果实的污染，这正是当前推广绿色果品生产所要求的条件。果园土壤温度和湿度昼夜变化幅度变小，有利果树根系生长和吸收活动。雨季来临时草能够吸收和蒸发水分，缩短果树淹水时间，增强了土壤排涝能力。节省人力，提高劳动效率，降低管理成本。

②管理方法。采用人工种植生草和自然生草两种方法。人工种植生草即在果园行间直播草种子。要求所种的草类根系以须根为主，没有粗大的主根，或有主根而在土壤中分布不深；没有与果树共同的病虫害，能栖宿果树害虫天敌；地面覆盖的时间长而旺盛生长的时间短；耐阴，耐践踏，繁殖简单，管理省工，便于机械作业。假花生、豌豆、野牛草、结缕草、紫花苜蓿等是目前果园中所比较普遍采用的生草种类。根据果园土壤条件和果树树龄大小选择适合的生草种类，可以是单一的草类种植，也可以是两种或多种草混种。通常果园人工生草多选择有固氮能力的豆科与耐旱的禾本科草混种。土层深厚的果园可采用全园生草；土层浅而瘠薄的果园应采用行间生草或株间生草。在树冠投影处用除草剂防除杂草，土壤不需耕翻，果树的根系就能充分利用园中表土层的养分。一般情况下果园生草5年后，草逐渐老化，要及时翻压，使土地休闲1~2年后再重新播草。自然生草就是利用果园自然杂草的生草途径。在生长季节任杂草萌芽生长，人工铲除或控制不符合生草条件的杂草，

保留良性杂草如霍蓟香、豆科杂草和一些蜜源性杂草。生草长起来覆盖地面后，根据生长情况，及时刈割，割下的草既可以用于覆盖树盘，或作为猪、牛等的饲料，也可以作为绿肥使用。

果园自然生草法管理

果园种植假花生等良性草类

（2）免耕法管理　免耕法是土壤不耕作或少耕作，利用除草剂防除杂草的土壤管理方法，适用于土壤条件比较好的板栗园。这种方法的优点是能够维持土壤的自然结构，通气性好，有利于水分渗透，土壤保水力也较好，因无杂草水分消耗较少；土壤表层结构结实，吸热放热较快，可减少辐射霜冻的危害，也便于各项操作和机械作业；省时省力，管理成本低。其缺点是长期免耕会使土壤有机质含量下降，造成对人工施肥的依赖，长期使用除草剂存在污染，除草剂喷施到板栗叶片上会产生伤害。因此应用除草剂控制杂草时，要选择适用的除草剂，在草长到一定高度（30 厘米左右）后应用。

果园免耕法管理

（3）清耕法管理　清耕法是指果园内除板栗外不种植其他作物，在生长季内经常进行耕作，保持土壤疏松和无杂草状态的一种土壤管理方式。经常中耕可以使土壤保持疏松通透，促进土壤微生物的活动和有机物的分解，有效养分补给及时，施肥效应迅速；切断土壤表层的毛细管可以防止土壤水分蒸发，去除杂草可以减少其与园艺植物对养分和水分的竞争。但果园长期清耕会破坏土壤结构，使土壤有机质含量迅速减少；土表的水、热条件常随大气变化而有较大的变幅，不利于根系发育；坡地果园清耕，在多雨季节水土流失严重；劳动强度大，费时费工。

果园清耕法管理

综合广东板栗园的立地条件和施肥水平，以推广生草法加覆盖法较好。其优点是：a. 生长季节行间生草能改善果园生态环境，雨季防止水土流失。b. 高温干旱季节将草覆盖树盘，可降低地表温度，起到防旱保水的作用。c. 结合秋、冬季施肥将草翻压，能增加土壤有机质，提高土壤有效养分的含量。d. 节省人力，减少生产成本，达到以草治草，以草养园的目的。

2. 扩穴深翻改土

板栗属深根性果树，根系比较庞大，分布广泛而深，在丘陵山地建园，幼树期间进行扩穴深翻改土工作，有利于根系生长，可使树体生长健壮，结果良好。深翻时如伤断有较大的粗根，应将断根伤口剪平，以利伤口愈合抽发新根。施肥时，肥料与土壤充分混合，表土放底层，底土放表层。或者一层泥土一层肥料，分 3~4

层，分层放入。

（1）深翻扩穴改土时间　深翻改土在定植后的第二年冬季或4—10月新梢老熟后进行，以10月中下旬前后为好。

（2）深翻扩穴改土方法

①扩穴法。定植后从第二年开始，在原定植穴旁两侧挖长80~100厘米、宽50~80厘米、深40~60厘米的穴，以后逐年外扩，种植2~5年内基本完成扩穴深翻改土。

②扩沟法。主要适用于开壕沟种植的新开果园。定植后从第二年开始，在原壕沟的上方或下方再挖宽50~80厘米、深60~80厘米的壕沟，压绿肥改土，经过连续2~5年内完成全园的扩穴深翻改土。

③爆破深翻。适宜于土层浅薄，底层母岩坚硬的果园，以放“闷炮”较好。先在株与株之间的位置（距离定植点40厘米左右）确定爆破点，在坡地向外处用钢钎打炮眼，与地面成倾斜55~65°角，深1~1.2米，炮眼内装入雷管炸药，雷管宜放在炸药下端用木棍压紧，这样可爆破深1.5米、宽2米左右的范围。

扩穴法深翻

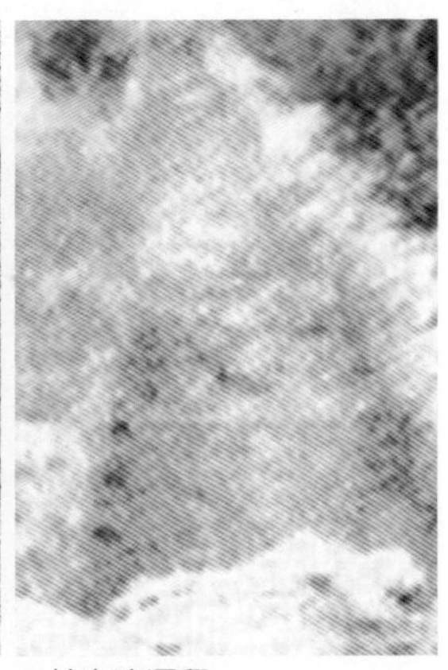

扩沟法深翻

深翻后及时填平壕沟并充分灌水，使根系与土壤密接，尽快恢复生长。如雨季深翻，必须及时排除积水，防止根系腐烂。深翻必须结合施有机肥才能达到改土的目的。

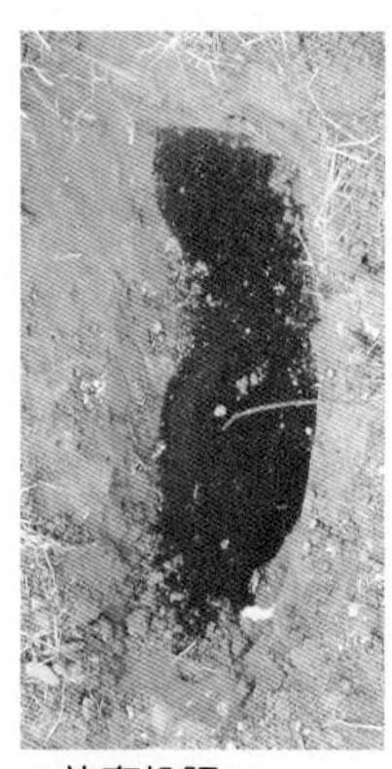
放有机肥

压绿

放石灰

回填土

（3）改土压绿材料与施用量　改土压绿材料种类很多，各地可以根据当地条件和压绿材料来源收集使用，主要是果园杂草等绿肥、农家肥、化肥、石灰等，以有机质为主。分层压入作物秸秆、野生绿肥、杂草、树叶、腐熟有机肥（如堆肥、沤肥、厩肥、沼气肥）等。每株有机肥 40~60 千克（鸡粪、猪粪、牛粪等 20 千克，绿肥、杂草等 20~40 千克），过磷酸钙 1 千克，石灰 0.5~1 千克。回填时最底层放杂草、绿肥，再将表土填盖 15 厘米，再施鸡屎、猪粪、牛粪，底土压在表层，并高出地面 15 厘米，以免穴面深积水。

3. 树盘覆盖

定植后 1~3 年树盘用作物秸秆、杂草、糠壳、锯末、藻类覆盖，不仅可以降温保湿，有效抑制土壤水分的蒸发，防止水土流失和土壤侵蚀，改善土壤结构，调节地表温度，还可抑制杂草生长，覆盖物腐熟后也是良好的有机肥料。

4. 间种

丘陵山地板栗园土壤、水分条件比较差，可在行间间种短期绿肥、牧草、假花生、豆科作物等，以进一步熟化土壤，增加土壤有机质。也可以种植西瓜、南瓜等作物，既覆盖裸露的

树盘覆盖，降温保湿

覆盖物腐烂后作为有机肥料

地面，又获取一定的经济收益。土壤、水分条件比较好的板栗园可以选择花生、绿豆、豇豆等豆科作物和一些蔬菜、芝麻等作物种类间种，以提高经济效益。不间种作物时，最好选择种植或保护自然生长的白花草、柱花草、假花生、霍蓟香等良性草类，以保护天敌的生存环境，不能间种高秆作物。间种作物应与板栗植株保持适当的距离，一般要求间种物要求距板栗植株基部1米以上，并与板栗没有激烈的肥、水、光竞争，无共同的主要病虫害。

平地果园间种绿豆、蔬菜、芝麻等作物，以短养长

山地果园间种西瓜、南瓜等作物

5. 中耕除草

园地杂草采用人工、机械或除草剂控制。结合施肥，每年在树盘及其周围中耕除草 1~2 次（夏、秋季各松土一次），既消除树盘及周围的杂草，又能够改善土壤结构，有利于根系的生长发育。

6. 培土客土

培土可以有效改良土壤结构，提高土壤肥力。培土在冬季进行，培入无公害的塘泥、沟泥、河沙或肥沃的地表土壤等，散放在树盘，每株培土 50~150 千克。客土的类型要根据果园土壤条件而定，按照“黏掺沙，沙掺黏”的原则，土壤黏性重的果园客沙土，而沙性重的则客黏土。

山地红壤果园用沙质土客土

中耕松土后将杂草覆盖于树盘

二、施肥管理

1. 肥料使用原则

幼年板栗的施肥管理应当根据土壤肥力状况和板栗树体生长对养分的需求规律确定施肥种类和数量，以有机肥为主，微生物肥、化肥相配合，按照“勤施薄施，少量多次，先少后多，先淡后浓”的施肥原则进行。

2. 主要肥料种类

（1）有机肥　包括人（畜）粪尿、麸饼肥、堆肥、沤肥、厩肥、作物秸秆、野生绿肥、杂草、树叶、沼气肥等农家肥料和肥料生产企业加工生产的有机肥。

农家肥料种类很多，按照国家有关标准（NY/T394—2000 绿色食品—肥料使用准则）的分类，主要包括以下几种：

①堆肥。以各类秸秆、落叶、杂草等为主要原料并与人畜粪便和少量泥土混合堆制经好气微生物分解而成的一类有机肥料。堆肥数量大、来源广。

②沤肥。所用物料与堆肥基本相同，只是在滩水条件下，经微生物燃气发酵而成一类有机肥料。

③厩肥。以猪、牛、鸡、鸭等畜禽的粪尿为主与秸秆、杂草等垫料堆积并经微生物作用而成的一类有机肥料。

④沼气肥。在密封的沼气池中，有机物在嫌气条件下经微生物发酵制取沼气后的副产物。主要有沼气水肥和沼气渣肥两部分组成。

⑤绿肥。以新鲜植物体就地翻压、异地施用或经沤、堆后的肥料。主要分为豆科绿肥和非豆科绿肥两大类。

⑥泥肥。以未经污染的河泥、塘泥、沟泥、湖泥等经嫌气微生物分解而成的肥料。

⑦饼肥。以各种含油分较多的种子经压榨去油后的残渣制成的

肥料，如菜籽饼、茶籽饼、豆饼、芝麻饼、花生饼等。

⑧作物秸秆肥。以麦秸、稻草、玉米秸、豆秸、油菜秸等直接还田的肥料。

此外，农村很多地方有收集田间杂草、落叶、稻草等与少量表土堆放一起暗火烧成火烧土作肥料的习惯，火烧土肥分含量比较高，特别含钾高，作物吸收快，来源广泛，制作简便，值得推广。

（2）无机肥　无机肥即化肥，是化学工业产品，包括尿素、多元复合肥、过磷酸钙、氯化钾、硫酸钾等，有肥效高、使用方便、吸收快的特点。施用化肥可以供应速效性的氮、磷、钾等养分，但如果施用不当，如长期单一施用化肥，特别是酸性化肥，会导致土壤酸化，土性变劣，对板栗生长发育不利。

在果园一角堆沤有机肥，方便使用

收集杂草、枯枝落叶烧制火烧土

3. 施肥时期、数量与方法

第一次新梢老熟后萌发第二次新梢时开始正常施迫肥，采用“一梢二肥”，甚至“一梢三肥”，即枝梢芽萌动时及新梢伸长基本停止时各施一次，以腐熟人畜粪水或麸饼水、复合微生物肥料为主配合施用复合肥，适量加入尿素。肥料养分配比 N ∶ P ∶ K = 1 ∶（0.3~0.5）∶（0.4~0.8）。水肥在树冠滴水线处开浅沟，施后覆土。干施在树冠滴水线处开浅沟，将尿素、复合肥、花生麸等肥料与土壤混合后覆土。第一年每次每株施肥量为尿素 20~25 克或复合肥 25~30 克，腐熟稀粪尿水 5~10 千克，花生麸 0.3~0.5 千克或纯鸡屎

3~5 千克。第二年起施肥量相应提高，均比上年增加 50%~100%。每次施肥量可根据土壤的肥瘠和树势强弱适当增减。每次新梢叶片展开和转绿前可喷施 0.2% 磷酸二氢钾或腐熟人粪尿稀释液 1~2 次，促进枝梢老熟。

施肥方法主要有以下几种：

①环状沟施肥。在树冠外缘向外挖深、宽各 15~20 厘米的环形沟，将肥料施入沟内，回填部分土与肥料充分混合后，再将剩余的土回入沟内填平。此法施肥面积小，且易伤根，适于幼年树采用。

②条状沟施肥。在树冠枝梢外的位置上，挖宽 50~100 厘米、深 30~50 厘米的条状沟，可以在树两边挖或四边挖，坡地在树两边挖。然后把肥料施入沟内，回填部分土与肥料充分混合后，再将剩余的土回入沟内。挖沟的位置逐年向外扩展。分年在行间或株间轮换开沟。此法适于成年果园。

③放射状施肥。较大的栗树宜用此法。以树干为中心，放射状挖沟，沟宽 30~40 厘米，深度在靠近树干处要浅，以免伤大根，向外逐渐加深，长度视树冠大小而定，要超过树冠。根据肥料的数量可挖 4~8 条放射状沟，下一年沟的位置加以变化。

④盘状施肥。把肥料均匀地撒在树冠内外的地面上，然后翻入土中。

⑤穴状施肥。在树冠外缘的地面上，根据树木大小，均匀地挖穴数个，将肥料施入穴内，然后覆土。穴状施肥方法简单，伤根少，但施肥面积小，适于施用液体肥料或移动性强的肥料，如尿素等。

⑥淋施。将肥料以水肥的方式，淋施在树冠内外的地面上。腐熟的沤肥、厩肥、人（畜）粪尿、沼气肥等均可以用这种方法施肥。干旱条件下淋施水肥能够起到施肥淋水的作用，但比较费工。

⑦灌（滴）溉施肥。将肥料溶解于灌溉水中，通过灌溉系统进行施肥，是果园肥水一体化管理的一种方式，具有节约肥水、肥效

高、不伤根叶、有利于土壤团粒结构保持等特点，可以节约用肥20%以上。如果采用滴灌施肥，则可以节约用肥30%以上。

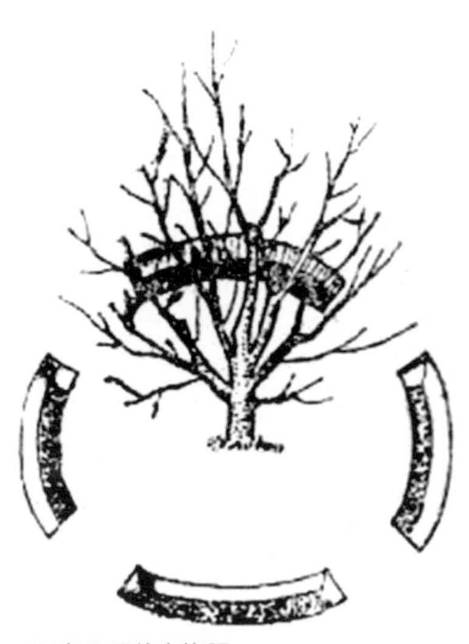

不完全环状沟施肥

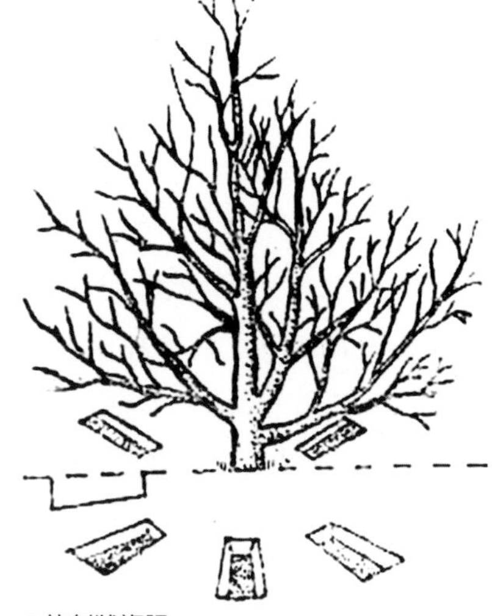

放射状施肥

环状沟施有机肥

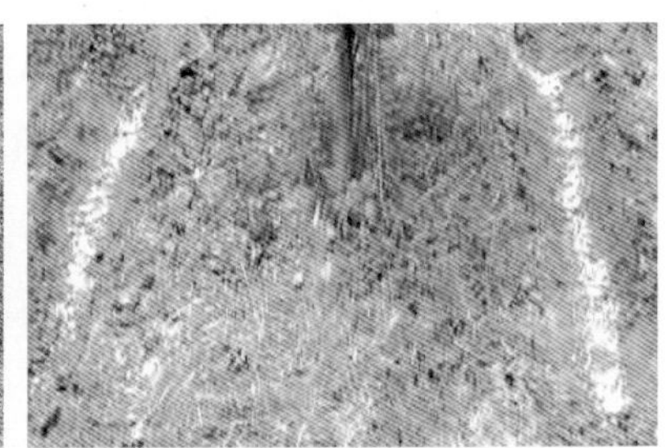

条状沟状施肥

环状沟施肥

施肥后盖土

以上方法最好交替使用，使根系在土壤中分布均衡。施肥时也要根据不同肥料采用不同方式，有机肥深施，速效化肥宜浅施。磷肥在土壤中容易固定，可与有机肥混施或施在根系附近，钾肥在土壤中移动性弱，也不宜浅施。

4. 根外追肥

在枝梢转绿期，可在喷药防治病虫害时进行根外追肥，以迅速补充树体养分，加快枝梢老熟。施用时间以早晨或傍晚为佳，施用部位以叶背为主，用喷雾器喷施至叶片滴水为度。常用的肥料种类和浓度：光合细菌肥（按说明书使用）、尿素 0.2%~0.5%、磷酸二氢钾 0.2%~0.5%、硫酸锌 0.1%~0.2%、硫酸镁 0.1%~0.2% 或用天然有机提取液或接种有益菌类的发酵液等。

三、水分管理

板栗幼树在年生长周期中都需要足够的水分供应，而萌芽、展叶、抽梢生长等时期对水分需求最大，对水分的盈缺反应也最为敏敢。幼年末结果板栗根系分布较浅，容易受到干旱影响。因此，在每次枝梢抽生期如遇干旱应及时灌水，保持土壤湿润，灌水量达到田间最大持水量的 60%~70%。具体灌水时期应根据板栗对水分的需要量、土壤含水量和气候条件等因素确定。

四、整形修剪

幼树整形修剪的目的是早结果、早丰产。

1. 整形修剪的基本方法

（1）疏枝　疏枝是在枝条基部下剪，将整个枝条全部剪除。幼年板栗新梢生长能力较强，常有徒长性枝条抽生。对在主干或主枝上的隐芽萌发出的徒长枝则要从基部删除。

（2）短截　短截是剪去一年生枝条的一部分，短截一般分轻度短截、中度短截和重度短截 3 种方式。剪去枝条的 1/3 以下为轻度短截，剪去枝条的1/3或1/2为中度短截，剪去枝条的1/2以上为重度短截，通常留枝条基部2~5个芽。短截的轻重程度要根据整形修剪的具体要求、树势强弱和品种特性确定。

板栗修剪中还有一种称为戴活帽剪的方法。在不同摘心次数的新梢轮痕附近进行冬季短截，在新梢轮痕上留通2~4个小芽短截叫戴活帽修剪，处理得当，则帽上小芽和轮痕下大芽才能抽生结果枝。在新梢轮痕上不留芽短截叫戴死帽修剪，使轮痕下大芽抽生结果枝。一般情况下，枝势不强的搞戴死帽剪，枝势强旺的搞戴活帽剪。

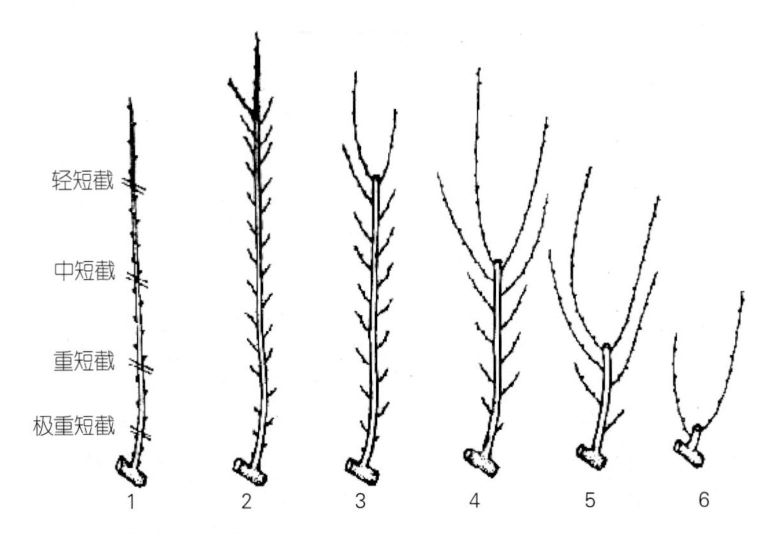

不同短截程度的修剪效应

（3）缓放　也称为甩放、长放，是对1年生枝条不进行修剪，任其生长。在幼树上主要缓放中庸发育枝，结果树缓放结果母枝。对旺树多采用缓放修剪。

（4）拉枝　拉枝是对幼树角度小的骨干枝用绳或铁丝向外拉到需要的角度，用人工方

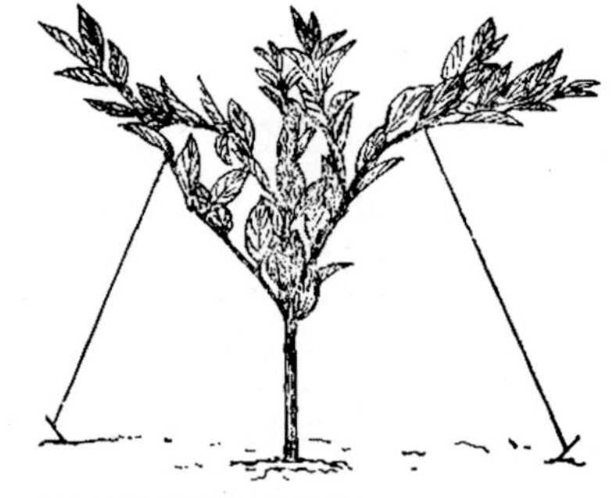

骨干枝用绳或铁丝外拉

法把主枝的分布方位和角度加以校正，使主枝在主干上的分布方位偏于一边生长，以免形成杂乱无序的低产树形。

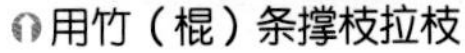
用竹（棍）条撑枝拉枝

吊砖头拉枝

（5）摘心　摘心是在枝条生长季节摘除新梢还没有木质化的梢头，幼年期的板栗新梢生长能力较强，常有徒长性枝条抽生。一般在新梢长到 35 厘米时可进行摘心。对结果枝摘除果前梢，能够防止结果部位的外移。特别是初结果树的结果枝新梢长而旺，当果前梢长出后，留 3~5 个芽摘心，能形成 3 个左右健壮的分枝，提高结果枝发生比例，同时还能减缓结果部位外移。

（6）抹芽　在萌芽到展叶期间，抹除多余的嫩芽。抹芽的基本原则是去弱留强、去内留外、去密留稀。

（7）回缩　回缩主要用于生长衰弱、结果部位外移，内膛光秃严重的多年生枝条和老化的成年结果树修剪，是在多年生枝条的一定位置短截，促发隐芽萌发，复壮剪口下枝条以更新树体，限制树冠过度向外扩展，防止结果部位外移。

回缩修剪

2. 板栗的基本树形

板栗为喜光树种，有需要强光照的特性。目前丰产性好的树形包括疏散分层形、多主枝开心形和自然开心形三种。

疏散分层形

（1）疏散分层形　有明显的中心干，定干后，选留方向正、角度好、生长健壮的 2~3 个枝条，培养为第一层错落有致的主枝 2~3 个，并保持稍远的层内距离。每一主枝上选均匀分布的 3~4 个副主枝。

多主枝开心形

（2）多主枝开心形　主干高度 30~40 厘米，无中心主干，主枝 4~5 条，有一定的层次，分散着生于树干上。每一主枝有副主枝（侧枝）1~3 条，下部主枝角度大于上部主枝角度。

自然开心形

（3）自然开心形　主干高度 30~50 厘米，主枝 3~4 条，分别向不同方向伸展，相互之间相距 10~20 厘米，主枝与主干的夹角 45°~50°，无中心主干，每一主枝有副主枝（侧枝）2~3 条，第一条副主枝距主枝基部 70 厘米左右，第二条副主枝距第一条副主枝 30 厘米。

采用大开张树形整形，有利提早结果，也方便管理

3. 修剪整形时期

板栗的修剪按照生长季节，通常分为夏季（生长期）修剪和冬季（休眠期）修剪。夏季修剪主要指生长季节内的抹芽、摘心、除雄和疏枝。冬季修剪是从落叶后到翌年春季萌动前进行，主要方法有短截、疏枝、回缩、缓放、拉枝和刻伤。

4. 幼树修剪整形

板栗幼树一般在定植后的前 3 年完成整形，以便进入丰产期后有良好的树形。要求根据上述树形进行整形，采用拉、撑、顶、吊等方法调整枝条生长角度和方位，通过回缩、摘心、短截等方法促发分枝，疏枝等方法骨干枝选留培养骨干枝，使树体有分布均匀、长势均衡的主枝 3~5 条，主枝与主干的夹角以 45°~60° 为宜，主枝间基部间隔约 20 厘米，且分布均匀，疏落有致，内膛通风透光性良好。整个树冠通透，能接受一定的光照，又要有一定数量的枝条，使其形成立体结果的小波浪状树冠。

第二节　结果果园管理

一、土壤管理

1. 深翻改土

土壤深翻熟化是板栗高产技术中的基础措施。幼年结果时期还未完成深翻改土的果园要继续做好深翻改土工作。在树冠滴水线外围开深约 60 厘米、宽约 50 厘米的条状沟分层埋入农家肥料、杂草、绿肥等，具体做法同幼年未结果板栗园的深翻改土。秋季深耕有利于产生新根，疏松土壤，并对防治病虫害有一定的作用。一般在果实采收后结合施基肥进行，深度 20~30 厘米。

2. 培土客土

培土措施是板栗园防旱保湿、控制杂草、改良土壤、提高土壤肥力、增厚生根土层、促进根系生长的有效措施。对严重露根的板栗树、水土流失较严重的果园，培土客土更加重要。培土客土时间主要在冬季结合清园时进行，也可安排在采果后进行。培土的材料一般用塘泥、沟泥等，散放在树盘。

山地果园用沙质沟泥等进行培土客土，有利改良土壤

3. 中耕除草

对于已经封行的果园杂草很少，一般不进行中耕除草，可结合施肥管理进行松土。未封行的果园，在早春进行松土，深度为

10~12 厘米（一般不超过 15 厘米），板栗园的中耕除草不宜过深，否则容易伤根。

树体大、已封行的果园极少中耕除草，常采用免耕法管理

4. 夏季覆草

未封行的果园在夏季高温期间用干草、稻草等覆盖材料进行树盘覆盖，有防止水土流失、抑制杂草生长、减少水分蒸发、增加有机质含量、改变土壤理化性状和防止磷、钾等被土壤固定等作用。覆盖厚度一般为 10~15 厘米，覆盖物距离植株 10~15 厘米，覆盖面积稍超过树冠滴水线即可。

二、施肥管理

板栗在养分需求上，要求氮最多，其次是钾，需磷再次之。一般每生产 100 千克果实需要氮 3.2 千克、磷 0.76 千克、钾 1.28 千克。按结果量和树体吸收量折合成每亩施用氮、磷、钾量比例约为 14 ∶ 8 ∶ 11。但是，各地丰产园的施肥数量，由于树龄、土壤、管理等不同，也并不一致。在施肥管理时应当考虑板栗的需肥特性、生长情况、树龄和土壤条件的差异，有针对性地进行施肥。板栗树体对氮素营养的吸收在整个生长周期中，以果实膨大期吸收最多，因此，氮素的供应重点是前期。板栗对磷的吸收规律是在开花前吸收量少，开花后到采收前吸收比较多而稳定，采收以后吸收量非常少，落叶前几乎停止吸收。开花前对钾吸收很少，开花后迅速增加，从果实膨大期到采收期间吸收最多，采收后同其他元素一样急剧下降，因此钾肥施用的重要时期是在果实膨大期。

安装有滴灌或微喷灌溉系统的果园，在灌溉水中溶解后不沉淀的化肥均可通过灌溉系统施肥，可以有效节省人力，提高施肥效率。对板栗结果树施肥时，要特别注意的是，板栗为高锰植物，需锰量比其他果树大而且重要。钙也是板栗需求量较大的营养元素之一。硼对授粉受精具有重要的作用，适量施硼，可防止花而不实，是降低板栗空苞率的有效措施。

表 5-1　板栗结果树氮、磷、钾肥的亩施用量

树龄 / 年	产量 / 千克	施肥种类	施肥量 / 千克		
			施肥总量	基肥	追肥
1~5	30~100	N	4.0	2.0	2.0
		P_2O_5	1.5	1.0	0.5
		K_2O	2.0	2.0	0
6~10	100~150	N	6.0	3.0	3.0
		P_2O_5	2.0	1.0	1.0
		K_2O	2.5	1.5	1.0
≥ 11	150~200	N	8.0	4.0	4.0
		P_2O_5	2.5	1.5	1.0
		K_2O	3.0	2.0	1.0

1. 施肥时期与方法

板栗结果树全年施肥一般分 3 次进行，根据不同物候期分为基肥、花前肥和壮果肥：

（1）花前肥　花前肥在萌发后开花前（3 月中旬）施入，目的是促进雌花序分化、促进发叶抽梢、提高花质、提高坐果率和产量。花前肥以速效肥为主，施肥量占全年的 35% 左右。每株施腐熟人畜粪尿 20~30 千克或腐熟麸肥 2~3 千克、尿素 0.3~0.5 千克、复合肥 0.2~0.4 千克、钾肥 0.2~0.4 千克。

（2）壮果肥　在果实迅速膨大期（6—7 月）施入，目的是促进幼果膨大，提高果实品质，促进枝梢生长良好。壮果肥施速效完全肥，施肥量占全年的 25% 左右。每株施复合肥 1.0~1.5 千克、腐熟麸肥 1~2 千克、硫酸钾 0.2~0.5 千克。

（3）基肥　板栗雌花在早春形成，所以前一年秋季供肥多少，与雌花数量和质量有密切关系。基肥在采果后的 9—10 月施入，最迟应当在落叶前 1 个月施下，施肥量占全年的 40% 左右。基肥要以有机肥为主，适当配合磷、钾肥。肥料可用厩肥、堆肥、土杂肥、经过沤制加工的垃圾肥、绿肥、饼肥等。一般树势中庸、肥力中等、结果较多的树，每株施腐熟厩肥 30~40 千克、石灰 0.5~1 千克、过磷酸钙 3~4 千克、硼砂 0.2~0.4 千克，同时将板栗园铲下的杂草放入。含有效磷低和硼少的红壤果园，应当加施适量的磷肥和硼砂。

秋冬季条沟法埋施有机肥为主的基肥

盘状撒施法施花前肥和壮果肥

2. 根外追肥

根外追肥（即叶面施肥）是土壤施肥的补充。常用的根外追肥肥料种类和浓度见表 5-2。根外追肥一年可进行多次，主要是在板栗枝梢生长期、开花期、果实膨大期等需肥关键物候期使用。根外追肥最适宜温度为 18~25℃，湿度宜大，最好选择在阴天或晴天。夏季气温高，应在 10：00 以前和 16：00 以后喷施。要均匀一致，以不滴水为度，侧重喷施叶背和幼叶，以利养分吸收。果实采收前 20 天内停止叶面追肥。

表 5-2　根外追肥种类和使用浓度

肥料种类	使用浓度 /%	肥料种类	使用浓度 /%
尿素	0.2~0.5	磷酸铵	0.5~1.0
硝酸铵	0.3	硫酸锰	0.05~0.1
硝酸钾	0.5	钼酸铵	0.008~0.03
硫酸铵	0.3	硫酸铜	0.01~0.02
磷酸二氢钾	0.2~0.5	过磷酸钙（滤液）	0.5~1.0
硫酸镁	0.1~0.2	高效复合肥（滤液）	0.2~0.3
硝酸镁	0.5~1.0	草木灰（浸提滤液）	1.0~3.0
硫酸锌	0.1~0.2	人尿	8~10
硼砂	0.05~0.1	牛尿	5（放置 50 天后）

注：喷施硫酸锌、硫酸锰等宜加等量石灰。

三、水分管理

板栗耐旱性比较强，但在生长过程中需要足够水分供应，才能使树体生长良好并有较高的果实产量，尤其是在枝梢抽生期、花期、果实生长发育期，特别是在新梢加速生长期和果实膨大期，需水量最多、也最重要，此时如遇干旱而不及时供应水分，会严重影响果实产量品质和树体生长。板栗树也忌较长时间积水，多雨季节果园要及时通畅排水。从板栗的物候期上，要求花期土壤应适度湿润；枝梢抽生和果实生长发育期水分供应充足，花芽分化适度制水。从季节上，要求春湿、夏排、秋灌。

1. 合理灌溉

（1）灌溉时期　灌溉时期的确定要根据板栗枝梢抽生、根系生长、果实生长发育和天气状况、土壤水分含量变化等环境因素而定。一般在生长结果期，土壤水分最好达到田间最大持水量的60%~80%。当土壤水分含量低于田间持水量的50%~60%时必须及时灌溉。在田间，简单的判断方法是叶片出现轻微卷曲时即应当灌水。这种方法简单方便，但准确性比较差。目前采用的方法主要有以下几种：

①天气测定法。夏、秋季干旱时期还可根据天气情况决定灌水时期，一般连续高温干旱15天以上即需灌水，秋、冬季干旱可延续20天以上再灌水。

②土壤捏团测定法。在果园板栗树冠滴水线附近的10~20厘米深处取土，用手捏团测定。如果果园土壤为壤土或沙壤土，手用力紧握土不成团，轻碰即散，则要灌水；如果是黏土，手用力紧握土虽然能够成团，但轻碰即裂，也需要灌水。

③土壤含水量测定法。从果园取土用烘箱烘干测定土壤含水量，红壤土含水量18%~20%、沙壤土含水量16%~18%时，应当灌水。

④田间水分测定法。将土壤水分张力计安装在果园土壤里，即时测定土壤含水量。

（2）灌水量　灌水量可以通过土壤水分张力计测定结果确定，也可以挂果量计算，按照40千克/株挂果量计，每株需灌水300千克左右。在生产实际中，通常灌水后以土壤湿润为度。

（3）灌溉方法

①沟灌、穴灌。开沟利用山水、水库水等通过自流或水泵抽水进行果园灌溉，主要适用于水田、平地、缓坡地和水平梯田，耗水量大。可以利用果园内设置的蓄水池接上软水管进行穴灌。

②喷灌、滴灌。喷灌较渠道灌溉节约用水50%以上，并可降低冠内温度，防止土壤板结。滴灌是通过一系列的管道把水一滴一

滴地滴入土壤中。滴灌的用水比渠道灌溉节约 75%，比喷灌可节约 50%。滴灌还可以与施肥相结合，实现肥水一体化管理，虽然滴灌设施一次性投资比较大，但能够节省施肥和灌水的大量人力，肥料利用率可比传统施肥提高 40%~50%。从长远来看，经济效益更加明显。

喷灌

滴灌

③浇灌。浇灌是直接将水浇在树下，适宜水源不足的果园及幼年树或零星种植的植株。浇灌比较费工，最好结合施肥一起进行。比较简便实用的方法是在果园高处设置蓄水池并铺设水管，每隔一定位置安装接口，浇水时在水管接口上接驳软性胶管，然后拉引水管浇水，这样既可以节省人力，又节约用水。

在果园高处设置蓄水池并铺水管

果园安装接口

浇水时接驳软性胶管

④漫灌。山地果园是将水提升到山顶水池，然后沿输水渠流到果园各小区。平地果园采用此法通过引水渠引水到果园，将全园灌透。此法方法简便，费工少，但耗水量大，山地果园容易造成水土流失、表土板结，土地不平整时灌水不均匀。

2. 排水防涝

板栗忌长时间积水，否则树体因土壤水分含量过高出现烂根而引起叶片黄化，烂果落果，低洼地种植常表现为生长不良、烂根、落叶，甚至整株整园死亡，故选园首忌高湿低洼地。在多雨季节丘陵山地果园应当迅速排除积水，防止山洪；水田平地果园通过三级排水系统排除积水。受洪水淹浸的植株，在水退后立即清沟排除积水，清除园内杂物，清洗枝叶上的泥渍，扶正冲倒的植株并培土护根。待土壤干爽后，浅松土，使根部恢复通气，10~15 天后淋施腐熟有机肥液，促进根的生长。随后喷施杀菌剂加 0.2% 磷酸二氢钾和尿素，防治炭疽病等，使植株迅速恢复树势。

四、修剪

板栗是喜光果树，萌芽及成枝率都比较高，板栗结果树要确保树体良好的通风透光条件才能获得丰产。板栗结果树体骨架已经形成，树形基本固定，树冠上的健壮枝条大都转化成结果母枝。板栗结果树的修剪重点在冬季修剪，主要任务是采用“控冠修剪”的原则，通过疏枝、回缩、短截等方法，培养足够数量的结果母枝，维持健壮树势，调整枝条密度，改善树冠内膛光照条件，防止结果部位外移，延长丰产稳产年限。修剪时也要根据树体生长状况确定修剪程度，弱树多疏少留，留强去弱，达到由弱转旺的目的；旺树则多留少疏，压强扶弱，保留中庸，缓和树势，达到由强转壮的目的。

1. 几种枝条的修剪处理

修剪是一项耗费人工多的技术措施，应看树、看地修剪，宜粗不宜细，重视大枝修剪，重点培养优良结果母枝。

（1）结果母枝　结果母枝的培养是获得丰产的基本保证，必须要有足够的结果母枝。通常结果母枝的基部粗度达到 0.6 厘米以上时，抽生结果枝的能力强，结实率高。树冠外围生长健壮的 1 年生枝，大多能够成为优良结果母枝，应当保留。实际生产中，结果母枝的培养和留量要按坐果率情况调整，使树体既有足够的结果部位，又有良好的通风透光条件。由于结果母枝上雌花芽着生在枝的先端，因此，修剪时对于健壮的结果母枝不宜短截，而对弱枝和雄花枝，则可进行短截或回缩，促使剪口芽或剪口下方的枝条转化成新结果母枝。

结果板栗树冠上部容易抽生长势比较均衡的 2 条枝，下面有数条长势不一的侧枝（北方板栗产区习惯称之为燕尾枝），这种枝条大多能够成为结果母枝。对这类枝条修剪要根据其长势进行。生长过旺的应在燕尾下方另留 1~2 枝，培养结果母枝，既可增加产量，又分散养分、缓和生长势；长势中庸的将燕尾下方过密的弱枝疏除；生长弱的除将燕尾下方过密的弱枝疏除外，还要疏除燕尾的其中一条弱枝；如果生长过于旺盛，则不剪，以平衡其生长势。

燕尾枝

旺盛燕尾枝的修剪

弱势燕尾枝的修剪

中庸燕尾枝的修剪

（2）病虫枝、干枯枝　对于病虫为害、已经干枯的枝条应当从枝条基部全部剪除。

（3）交叉枝、荫蔽枝、纤弱枝　板栗对光照条件要求高，荫蔽的内膛枝条生长弱，难以结果，因此对密集的交叉枝、荫蔽枝则要部分或大部分疏除，保留位置好、健壮的枝条，使之能够获得良好的光照条件，结果后再剪除；过密的全阴枝则要全部疏除。纤弱枝大多没有结果能力，又消耗树体养分，除保留位置好、生长比较健壮的纤弱枝进行短截促发壮梢外，其余应当疏除。

内膛枝条交叉荫蔽应当疏枝

（4）长枝、徒长枝　板栗隐芽寿命长，萌发能力强，结果树在主枝甚至主干上经常萌发徒长枝，这类枝条较长（很多长40厘米以上），发育多不充实，扰乱树冠，消耗养分。对这类枝条的修剪要按照其着生位置、生长情况和树冠空间大小进行改造利用。如果徒长枝在树冠的空缺位置，可以在30厘米处短截，使其生长充实，促发新梢，形成侧枝，填补树冠空位，转化为结果母枝。树冠中上部萌发的长枝，生长充实，容易转化为结果母枝，可以保留。一处丛生几个的，可以去弱留强，选留1~2个。在主干和主枝上萌发的徒长枝，发育多不充实，不能够转化为结果母枝，无保留必要，应从基部全部疏除。

（5）下垂枝　位置好、生长比较健壮的下垂枝，在其结果后进行短截处理，以培养下部枝条；下垂严重、比较密集的则进行疏剪。

（6）结果枝组　结果枝组的修剪处理要根据树冠空间大小和有无进行调整。空间大、位置好的，中截结果枝组的强壮营养枝，使枝组扩大；空间小、枝组生长弱的，进行回缩，一般回缩到较好的分枝处，以便降低树冠郁密度和复壮枝组；枝组重叠密集的，从分叉处疏除弱枝组，促使分叉处的隐芽萌发，以更新枝组。

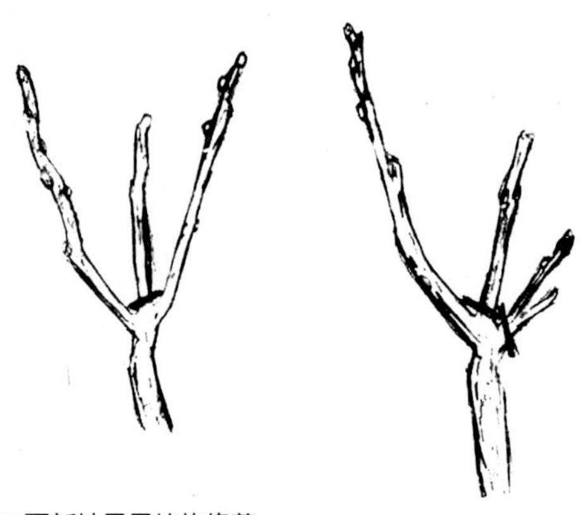

更新结果母枝的修剪

（7）雄花枝和营养枝　雄花枝数量过多，会消耗大量的养分，影响雌花芽分化，应当疏除部分雄花枝。粗壮而芽眼饱满的雄花枝，翌年可以抽生结果枝，一般不处理，让其开花作授粉用，或者剪除顶芽，促进侧芽抽生结果母枝；细弱、密生的雄花枝，只能够抽生弱枝，要进行短截，保留其下部 2~3 个芽，重新萌发壮枝。生长健壮、长度适宜（20~30 厘米）的营养枝，一般不处理，使其翌年转化成结果母枝，超过 30 厘米的过长营养枝，短截 1/3；过短而弱小、密生的则疏除；比较短而长势中庸的营养枝，在基部 3~5 个芽处短截，以促发健壮枝条。

2. 不同类型的结果树修剪

板栗结果树由于管理、树龄、树势、结果等方面的差异，生长状况并不一致，要看树看地修剪。

（1）初期结果树　板栗种植 3~4 年，植株开始开花结果，并有一定产量，此时营养生长仍然旺盛，枝条生长势强。对开始结果树的修剪，修剪量宜少，除骨干枝外，其他枝条一般不要进行短截处理，疏除一些密生枝，强旺的长枝采用拉枝下压，夏季对旺梢摘心，适度控制辅养枝。

（2）幼年结果树 板栗种植5~6年，树形基本形成，树势比较旺盛，结果逐年增加。对幼年结果树的修剪主要是继续维持树体骨架生长健壮，平衡树势，多留枝条，培养更多的健壮结果母枝。具体方法是：疏除密枝，选择主枝上生长健壮、着生方位和分枝角度适宜的延长枝作为侧枝培养；对主侧枝生长有干扰的徒长枝、竞争枝进行摘心、短截、弯枝或疏除；对强枝进行轻剪，使之与中庸枝、弱枝达到相对平衡，对超出空间的强枝进行回缩到一定位置，适度对结果枝组进行更新。

（3）成年结果树 成年结果树枝梢生长与开花结果比较协调，树势健壮，树冠达到最大，产量达到最高。修剪的主要任务是维持健壮树势，更新结果枝组，防止结果部位过快外移。修剪时先剪除过密枝、荫枝、弱枝、重叠枝、病虫枝和长势过旺的枝条，必要时对衰老大枝可适当回缩，夏季采用除萌、摘心等方法间疏长枝。板栗的雄花量极大，易消耗大量营养，要尽早剪除过密、过弱的雄花花序。短截空间大、位置好的，结果枝组的强壮营养枝，使枝组扩大；空间小、枝组生长弱的，则进行回缩。经修剪后枝条分布均匀，阳光透过树冠后地面能够出现一些“金钱眼”为宜。

树体枝条凌乱（修剪前）

树体枝条均匀（修剪后）

（4）衰老树 树冠外围出现大量弱枝，着生果苞少，叶小发黄，意味着树体已经进入衰老期。衰老树修剪主要是通过回缩更新的方法，目的是恢复树势，维持产量，延长经济年限。板栗的萌芽力和成枝力都很强，只要有隐芽，就能够抽发新枝，重新生长。树势越弱，更新程度越重，对隐芽的刺激越大，萌发的枝条就越粗壮，这对衰老树修剪更新有利。回缩更新修剪时应当根据树体衰弱程度确定回缩更新程度。

大枝回缩修剪后宜用药剂涂抹塑料薄膜包扎保护

对于初步衰老的老树，采用小幅更新方法，对骨干枝进行中上部回缩，促发剪（锯）口下隐芽萌发，长出新枝，然后对其疏间和摘心，培养形成健壮骨干枝和枝组，疏除交叉枝、重叠枝、衰弱枝，第二年即可开花结果，3~4年后基本恢复产量，对产量影响不显著。对严重衰老的植株，进行大幅更新处理，即露骨回缩更新，对主枝或副主枝回缩更新，刺激剪（锯）口下隐芽萌发，修剪后春季即可抽发健壮枝梢，再对新梢进行处理，重新形成树体骨架和树冠。这种更新对产量影响很大，剪后1~2年无产量，4~5年后才能基本恢复产量，但树势恢复后树冠衰老慢，后劲足。对大枝进

衰老树回缩修剪后形成健壮树冠

行修剪，剪口容易遭受病菌侵染，可以在修剪后伤口涂抹“愈伤防腐膜”，保护伤口健康愈合。

为使严重衰老的植株修剪当年还有一定产量，可以采取局部更新（轮换更新）的方法，对老栗树全部衰老的主枝分数年进行更新。第一年先对 1~2 个大枝进行短截重剪，促使隐芽萌发，并及时疏芽和对长梢进行摘心；第二年再更新 1~2 个大枝，3 年内将树冠全部更新，这样，可以边复壮、边结果，每年均有一定产量。

（5）放任结果树的改造修剪 放任结果树是指种植 5 年以上从未修剪或修剪不当的植株，这类结果树枝条生长零乱，主侧不分，大枝下部光秃，先端着生少量枝条，树冠外围枝条密集，内部却空膛，结果母枝少，只有树冠表层结果，产量低。对这类结果树的修剪，既要因树造型，还要保证有一定产量，因此不要强求树形，而要随树修剪，逐年改造，2~3 年完成。主要方法如下：

① 锯除大枝“开天窗”，引光入膛。首先将树冠中央直立的大枝锯除，使下部枝条生长健壮，逐步转化为结果母枝，锯口下位置好的枝条培养成主枝，其分枝则培养成侧枝，改造形成比较好的树形。

② 疏除交叉密枝，降低树冠高度。疏除密生、丛生、交叉的大枝，其余的大枝逐年回缩，降低树冠高度，促发隐芽萌发，新枝生长到 30 厘米左右时摘心，成为辅养枝。

③ 回缩弱枝，更新结果枝组。对生长健壮和中庸的结果枝组，疏除其中密生弱枝即可；衰弱结果枝组进行回缩，促发新枝，重新培养健壮结果枝组；对有空间、生长方位好的内膛隐芽萌发形成的长枝进行摘心或短截处理，使其转化为新的枝组，取代衰弱枝组。

对于生长比较衰弱的放任结果树，修剪时宜多疏少留，把消耗养分、扰乱树形的过密枝、纤弱枝、下垂枝、交叉重叠枝疏除，

应当注意的是，修剪必须结合施肥管理，仅修剪而不及时施肥，出芽不齐，抽梢不壮；光施肥而不修剪，枝条生长凌乱，强弱

差异大，达不到丰产效果。特别是对所谓的“小老树”修剪，应当加强修剪与加大施肥管理并举。

修剪后宜立即清园，剪除的枝条和地面的枯枝落叶要集中烧毁，以达到铲除病虫庇护所、杀灭越冬病虫、减少病虫基数的目的，不要把修剪掉的枝条留在果园，容易滋生病虫，给翌年的病虫害防治带来压力。

五、花果管理

1. 板栗花芽分化

板栗属雌雄同株异花植物，雄花的形态分化可持续 10 个多月，而雌花只有 2~3 个月。雄花先开，雌花后开，雄花比例高、分化时期早、时间长、速度快，雌花分化的营养条件不如雄花。在雏梢基部数节内出现雄花序原基，雌花则发生在混合花枝上部的雄花序基部。据研究，板栗翌年的结果枝，大部分在母枝大芽中奠定，这些芽在进入休眠前大部分雄花序原基已分化好，而其上的雌花序要在翌年 3 月后与新梢一起发育形成。板栗雌花序分化可分为两种情况：一种是典型的成龄结果母枝，其雌花序原基于春季萌芽期发生并发育；另一种是通过摘心刺激或因生长势过旺而形成的二次结果枝，这类芽的雏梢发育历期短，随着生长锥的延伸渐次分化出侧芽、雄花序和雌花序。雌花的形态分化期，从萌动开始到长成苞叶需要 3~4 周。

（1）促进花芽分化　枝梢及时老熟，生长充实，树体养分积累多，芽饱满，有利于花芽分化和开花。在秋季可以应用多效唑促进枝梢老熟和花芽分化。当梢长 5~10 厘米时，在树盘浇施多效唑，每平方米树盘用 15% 多效唑 3~5 克，或在梢长到 10~20 厘米时在叶面喷施 15% 多效唑 0.2 克 / 千克（50 千克水加多效唑 5 克）。在施多效唑的同时，可结合病虫害防治，用氮、磷、钾、锰等元素的混合液追施叶面肥，可以有效促进花芽分化。

（2）促进雌花发育　雌花少，雄花多，是我国目前板栗高产的主要阻碍因素之一。除改良种性外，对品种进行花性别分化调控，促进雌花发育，是增雌减雄的重要途径。板栗混合花芽中的雌花序于早春在雄花序的芽体内形成。采取有力措施可促进花序形成，也是板栗丰产的关键。秋季新梢停止生长后施基肥，早春芽萌动前后施磷肥和氮肥，叶片刚刚展绿时施氮、钾和硼钼肥对雌花形成有显著效果。去“尾枝”：当强壮结果枝最先端一个混合芽刚露红（长 0.5 厘米左右时）摘去尾枝。去雄：当雌花序刚伸出不足 2 厘米时，仅留先端 4~5 个可能形成雌花序的雄花序，其余全部去除。抹芽：于芽萌动后，抹除结果母枝中下部多余的芽。秋剪：于秋季剪除秋花、秋棚（也叫总苞）及过密的发育枝、细弱枝等。

可以利用板栗花芽分化具有可塑性的特点，采用化学调控方法促进雌花发育。也有用一定浓度的青霉素、调花丰产素、RS 和 MN 处理，结果表明均有显著促雌抑雄，增加雌雄花比的效应。使用 TDS 对板栗进行水施、根施、涂干和树体注射等多样化处理，促雌抑雄效果同样显著。

2. 板栗落苞和空苞原因

落苞是板栗在开花期间果实掉落的现象，空苞俗称“亚果”或空棚，是栗苞内未形成坚果，或坚果重量小，不能形成有效产量。落苞和空苞是影响板栗产量和质量的重要因素。采取措施预防落苞和空苞，是提高板栗产量和质量的重要途径。

导致板栗的落苞和空苞的原因很多，即有品种本身的问题，也有管理上的问题，还有环境因素的影响，各地生产实际情况也有所不同，应该根据生产实际，对症下药。

（1）授粉受精不良　板栗是雌雄花异熟，主要靠风传播花粉的果树种类，自花授粉结实率低。如果品种单一，或虽然配置了不同品种的板栗，但因不同品种花期不遇，授粉不亲和，出现落苞和空苞的数量多。

（2）管理粗放，营养不良　板栗从受精到果实成熟，对养分要求强度大。栗树上着生过多的雄性花序、果前梢不摘心等都会与雌花、幼果争夺养分，幼果期间的营养竞争等也会导致营养不良造成落苞和空苞。

果前梢生长旺盛，雄花量大，消耗大量树体营养，造成落苞和空苞易

（3）品种遗传性　空苞是板栗固有的遗传特性，不同品种之间有一定的差异性。低产品种空苞率高，实生品种比嫁接品种空苞率高。试验发现，板栗实生植株无论采取任何措施都不能有效克服空苞多的现象。

（4）缺硼　缺硼是引起板栗空苞的主要原因之一，硼是板栗受精过程中的必要元素。缺硼就不能正常受精，导致胚胎期败育。有试验结果表明，土壤中有效硼含量低于 0.094 毫克 / 千克时，空苞率可达 80%。南方红壤地区土壤贫瘠，含硼低，有机质含量低，土壤固定硼的作用强，造成土壤速效硼含量低而导致树体缺硼，引起落苞和空苞。

（5）环境因素　开花期间长期阴雨，或遇上干旱、强干热风等天气导致授粉受精不良，胚株变成褐色，刺苞很快停止发育。

（6）树体内源激素不平衡　在幼果发育时期，树体内生长素、赤霉素不足，使果苞的果柄发生离层而引起落果。

3. 落苞和空苞的防止措施

（1）改良品种，合理配置授粉树　选择结实率高的优良品种对空苞率高、产量低下的板栗劣种实生树进行高接换种。合理配置授粉树是解决板栗落苞和空苞的重要措施。对没有配置授粉树的果园，可以选择合适的授粉树补种，或在树上高接授粉品种枝条，使之能够异花授粉，提高坐果率，减少空苞。

（2）合理施肥　秋季采收后施入有机肥，促进分化的花芽饱满充实。施肥量掌握在每株 100 千克，同时加尿素 0.5~1 千克，加生物钾 250 克；如果有机肥不足，可用板栗专用肥代替，每株施 4~5 千克。施用方法采用沟施，沟宽 30 厘米、深 50 厘米，注意肥料与土混匀后施入沟内，然后覆土。对于空苞率高而有机肥源又不足的山地栗树，在 7 月下旬至 8 月上旬压绿肥。结果大树每株压 50 千克左右。方法是将绿肥均匀铺在树盘内，然后在绿肥上压 5~10 厘米土，如果就近取山皮土覆盖，效果会更好。压绿肥也可保墒。施用营养元素全面的复合肥比单质肥提高板栗雌花数、增加产量的作用更显著。

（3）喷施叶面肥和植物生长调节剂　萌芽后叶面喷肥对雌花形成的促进作用，当以基部叶刚刚展开由黄变绿时为好，喷后叶色变绿快，光合作用加强。树势健壮时，以喷磷酸二氢钾为好，此时叶片嫩抗肥力低，浓度以 0.1% 的水溶液为宜；树势偏弱时，喷 0.2% 尿素溶液，或 0.1% 尿素加 0.1% 磷酸二氢钾。叶面喷肥宜在 9：00 以前，16：00 以后进行。

应用植物生长调节剂处理，维持树体内有关激素含量及其平衡，可以有效地降低和控制板栗落苞、空苞的产生。如在板栗萌芽期、盛花期和幼果膨大期连续喷施 0.25% 高产素，可降低空苞率 60%，增加产量 30% 以上。花期和果实膨大期喷施 250~1 000 毫克 / 升的农乐牌“益植素”稀土溶液，可提高坐苞率 50 % 左右，单粒重增加 21.3%~48.0% ，增产 20%~55%，果实提早成熟 7 天。秋季板栗树冠喷施 500~2 000 毫克 / 升的多效唑，能明显提高结实率，减少落苞。

（4）人工辅助授粉　在多个优良品种混栽的栗园或种植时按照

要求配置了适量授粉树的果园，一般不需进行人工辅助授粉。如果一个果园单一品种种植，花期内遇连续降雨或强干热风等不良天气，应进行人工辅助授粉，以减少落苞和空苞。

①采集花粉。应选择品质优良、大粒、成熟期早、涩皮易剥的品种作授粉树采集花粉。当一个枝上的雄花序或雄花序上大部分花簇的花药刚刚由青变黄，板栗雄花序上约 70% 的花朵开放时是采集花粉的适宜时期。采集花粉时间应在早晨 5：00—8：00 进行。采集雄花序后立即将其摊晒在洁净纸张上，置于避风、干燥的地方晾晒，每天翻动 2 次，然后去掉花轴、花梗和花丝等杂物，碾细筛除杂质后将收集的花粉放入棕色玻璃瓶内备用。

②授粉适宜时期。板栗的雌花从柱头出现到反卷的 20 余天中都有受精能力，但受精效果最好的时期是雌花柱头反卷 30°~45°，颜色变黄时。这段时间可持续 1 周左右。

③人工授粉。在雌花盛花初期选择无雨天 10：00 前或 15：00 后将采集的雄花进行人工授粉。为使授粉效果显著，可在最适宜授粉期内隔 2~3 天再授粉 1 次。授粉时，凡是手可触及的部位，可用毛笔点授；在触及不到的部位，栗树较多或树体高大时，可将 1 份花粉掺入 5~10 份淀粉或滑石粉，混合均匀后用喷雾器喷粉或装入布袋在树冠内抖动授粉。如授粉当天遇雨，雨后应立即补授。也可将花粉放入 10% 蔗糖液，再加 0.15% 硼砂后喷雾。

缺乏授粉树的板栗园，可以采用高接的方法在树冠上部和外围高接授粉品种，每株接 3~5 处即可。配置了授粉树的果园，在修剪时，对授粉品种要多留枝以满足授粉需要。

（5）施用硼肥　在土壤硼元素缺乏的果园，于花期喷 0.3%~0.7% 硼酸或硼砂，或于春季每株施硼砂 0.3 千克，均能收到良好效果。

①土壤施硼。结合秋季施肥，结果大树每株施硼砂 100~200 克，隔年施硼 1 次。空苞严重的树，春季可在树冠外围挖 8~20 个深 30 厘米的施肥穴，将 100~200 克硼砂分撒在穴中，然后浇少量

水，待水渗后覆土。

②叶面喷硼。在花期喷 1~2 次 0.2%~0.3% 硼砂溶液，能明显降低空苞率，但效果不如土壤施硼。一般情况下这两种方法配合使用，效果很好。

③树干输硼。初花期在距地面 1 米左右的树干上钻一个斜向下方的小孔，深至髓心，然后用速效硼 0.5 克稀释至 0.5×10^6 倍液，装在输液瓶内倒挂在树干上，再用输液管通过树干上的小孔慢慢滴进树体。这种方法的优点是节水、见效快。

施用硼砂可有效减少空苞

赤霉素是常用的保果药物

（6）疏除雄花　板栗的雄花量极大，花序量也大，一条雄花序有雄花 800 朵左右，雄花序与混合花序之比为 5 ∶ 1，雄花与雌花的比例高达 2 500 ∶ 1，甚至更高，易消耗大量营养，这也是导致板栗低产的主要原因之一。去除多余雄花序，有利于节约营养，促进雌花形成，增加雌花量，对提高果实产量有很好的效果。生产上只要留 10% 的雄花即可满足自然授粉之用，其余过多的雄花序要尽早剪除，以减少养分消耗，促进雌花形成，增加雌花量。一般疏除雄花序的时机是结果枝先端混合花序显露，基部雄花序长 4~7 厘米、雄花序长出 1~2 厘米时进行，除留新梢最上端的 3~4 个花序（估计可能为混合花序）外，其余全部疏除。疏雄方法包括人工摘除和化学疏雄2种。采用人工摘除是人工摘除雄花只保留结果枝先端的花序，其余全部去除（包括结果枝下部和雄花枝上的雄花序），虽然比较费工，但疏雄效果好。化学疏雄是通过喷施化学药剂的方法进行疏雄，如采用板栗疏雄醇1 000倍液在5月下旬喷洒树冠，可提早落雄30~40天，疏雄率达80%。

（7）花期疏花，花后疏苞　摘除小花、劣花，尽量保留大花、好花，有利于改善坐果。板栗坐果较多时要及时疏果，以提高商品果率，保持树势。当栗苞直径达0.5厘米、柱头干枯（约7月下旬）时，疏除过多的栗苞，叶果比控制在20 ∶ 1~25 ∶ 1，以利减少空苞。合理的留量是：中短果枝上可留1~2个果苞，长果枝留2~3个果苞。生长强的留中部果，短果枝留先端果，疏去小型、畸形、过密、病虫枝和空苞果。强枝留3个果苞，中枝留2个果苞，弱枝1个果苞，在同一节位上只留1个果苞。

（8）果前梢摘心　当两性花序伸出至1厘米左右时，花序后又长出一段新梢，即果前梢。在果前梢的3~5个嫩叶处摘心可以集中营养，促进嫩叶提早7天左右成为能制造营养物质的功能叶，从而促进雌花簇增多和总苞的生长发育。

摘除果前梢有利于提高坐果

果园花期放蜂促进授粉

（9）环剥倒贴皮　在板栗树干或旺枝的基部，将枝粗的1/ 10宽的树皮剥下后，立即倒贴在环剥口上，然后用薄膜包扎。这种方法对提高板栗产量和控制树冠，效果颇佳。

（10）花期放蜂　蜜蜂是传粉的有益昆虫，板栗开花期间放养蜜蜂可以有效促进授粉，提高坐果，减少空苞。

3. 裂苞的防治

通常情况下，板栗少有裂苞（果）现象发生。据调查，部分果园在6—8月有果苞开裂现象，露出幼嫩的未成熟果实，果实淡绿色，较软，后变为褐色，品质很差，不能够食用，或幼果腐烂。裂苞严重的果园或植株，裂苞率3%~5%，多的达10%，给栗农造成一定的损失。

二果苞开裂　三果苞开裂　多果苞开裂

单果苞开裂　幼果腐烂　幼果褐变

（1）裂苞的原因

① 树体营养不均衡。裂苞与叶片的硼、钾等营养元素含量有关，含硼、钾低，裂苞率高；偏施氮、磷肥，少施硼、钾、钙肥等，易产生裂苞；土壤有机质含量低，耕作层浅，沙质重的果园有裂苞；缺素比较严重的果园或植株裂苞多。

②水分供给不均衡。6—8月，天气炎热多变、骤晴骤雨，尤其是比较长时间干旱后出现大雨或灌水过多，果苞与果实生长速度不一致引起裂苞。有灌溉条件的果园，水分供应均衡，能够及时灌水抗旱或排除积水，裂苞少。

③伤口。伤口是发生裂苞的重要原因之一。调查发现，发生开裂的果苞很多具有破裂的突破点，如病虫伤口等。果实生长发育期间，一些病虫害如等为害果实，造成伤口，引起果苞开裂。

有虫害伤口的果苞易开裂

（2）预防和减少裂果的技术措施

①合理平衡施肥。注意肥料元素的搭配，注重有机肥的投入和氮、磷、钾肥混合使用，适当增加钾肥施用量，及时补充硼、钙、镁、硫、锌、锰等中、微量元素。施肥时不要一次施速效肥过多。每年每株撒石灰粉0.5~1千克，不仅可以增加钙元素，还能中和土壤酸性，提高施肥效率。

②加强水分的管理。6—8月果实快速发育期，要尽量保持水分供应的均衡，做到旱时不缺水，雨后不积水。大雨或暴雨后对果园内的积水要及时排除。在无雨、干旱时，要对树盘淋水或灌水，并用农作物秸秆及杂草覆盖地面，以降温保湿。

③加强土壤管理。果园最好采用生草法管理，利用杂草和绿肥覆盖树盘，避免地面过度裸露。干旱初期在树盘内浅耕，行间深耕，防止土壤水分失调。

④积极防治病虫害。果实生长发育期积极对为害果实的病虫害进行有效防治，减少伤口。

4. 提高果实品质的主要措施

（1）板栗果实品质指标要求　板栗果实品质除与品种特性有关外，还与栽培管理密不可分。从生态环境上看，能够种植板栗的地区广泛，但要获得优质丰产，应当选择适宜当地环境条件，采用科学的栽培管理技术措施，适地适栽。评价板栗果实品质的指标包括外观品质和内在品质。外观品质主要是果实大小、形状、果皮色泽及光亮度、整齐度等；内在品质包括主要营养成分（糖、淀粉、蛋白质、脂肪等）含量、质地、风味、香气和耐贮藏特性等，其中关键指标是果实大小、果皮色泽及光亮度、含糖量和贮藏腐烂率。

（2）提高果品质量的主要措施

①选择大果品种做授粉树，增大果实单粒重。利用花粉直感效应，保持和提高果实单粒重，种植园地中不能混种其他小果品种，有效防止异品种传粉而降低果实单粒重。

②科学施肥，提高果品质量。增施有机肥对提高板栗可溶性固形物含量，保持特有的香味和光亮的皮色有重要作用。一般有机肥用量应占施肥量得 60% 以上，增加磷、钾肥的施用，以利果实品质的提高。特别注意补充土壤比较缺乏的各种微量元素，以提高果实的内外质量。果实的贮藏性能与其钙的含量密切相关，板栗近成熟期开始至入库贮藏前后，普遍存在栗仁褐变腐烂现象，一般损失 10%~20%，严重时高达 30%，其主要内因为果实钙元素缺乏。特别是山地红壤土，酸性重，有效钙普遍缺乏。一般生产上每株板栗树应施石灰 1~2 次，每次 0.5~1 千克，调节土壤酸性，提高根系对养分的吸收效率，不仅能够降低栗仁褐变腐烂，也对预防裂苞有效。果实采收前 1~2 个月，喷施 2 次氨基酸钙 600 倍液或 1% 硝酸钙液，间隔期 20 天左右，可以比较好地改善果实的贮藏性能。

③及时合理喷施叶面肥，促进果实发育。在板栗果实的迅速生长膨大期，除加强栗园土肥水管理以外，进行叶面喷肥，每隔 10~15 天喷 1 次 0.2%~0.3% 尿素加磷酸二氢钾，可有效提高单粒重。花期喷施硼肥，不仅可减少空苞率，也可提高单粒重。

④合理疏花疏果，提高商品果率。坐果太多，营养供应不足，果实会偏小而降低商品率，因此对这类树必须进行疏果，以提高商

品果率。板栗在同一个雌花序上一般有3朵花，中心花一般比两侧花的生长发育好，也比两侧花早开4~5天，花比较大，它形成的果实也比两侧果大。在疏花疏果时要掌握“树冠外围多留、内膛少留、疏小花留大花、疏小果留大果”的原则，摘除小花、劣花，尽量保留大花、好花，一般每个结果枝保留1~3个雌花为宜。疏果时最好用果剪，每节间上留1个单苞。

⑤及时灌溉，免除秋旱影响。水分是叶片进行光合作用和树体养分运转的必备条件。果实迅速膨大时期，必须有充足的水分供应，才能使果实发育良好，粒大饱满。7—9月温度高，水分蒸发量大，树体需求量也大，而降雨不均匀，时常出现干旱，此时应当及时灌水，促进果实迅速膨大，发育良好，以利于提高果实重量和着色度。

⑥应用植物生长调节剂增加产量和改善品质。板栗树冠喷施500~2 000毫克/升的多效唑（PP_{333}），或每株土施3~7克，能减缓或抑制板栗新梢伸长生长和叶片扩大，促进新梢加粗生长和分枝，使叶片增厚，叶绿素含量和百叶重显著增加，对结果母枝和发育枝的生长发育有良好影响。同时使树冠矮化紧凑，抗旱力增强，明显提高结实率、增加产量和改善坚果品质。

⑦适时采收。完全成熟后的果实，发育充实，果粒饱满，皮色光亮，茸毛少，商品果率高。如果为了抢市场而提早采收，果实发育不够充实，也会降低耐贮性。因此适时采收也是提高果实品质的关键。

第一节 病虫害的综合防治

病虫害的综合防治是指采用综合栽培管理技术，压低虫源、病源；按照“预防为主，综合防治”的植保方针，以自然控制为中心，重视周期性的气候条件及其他环境因素，保护和助长本地害虫天敌；对主要病虫害开展预测预报，指导生物防治、物理防治、农业防治和化学防治，把病虫危害控制在经济损害水平下。板栗病虫害种类繁多，而且大部分集中于新梢期、花期、幼果期及果实近熟期或成熟后为害，广东板栗产区发生比较普遍和为害比较严重的主要有栗实象甲、栗皮夜蛾、栗实蛾、栗瘿蜂、栗链蚧、桃蛀螟、栗疫病、炭疽病、板栗赤斑病“六虫三病”。因此，防治策略上应以“六虫三病”为主要对象，兼治食叶象甲类、蚜虫类、云斑天牛、刺蛾类、金龟子类、大蚕蛾类、板栗透翅蛾、叶斑病等，重点做好新梢期、花期、幼果期及果实近熟期的以保梢、保花、保果为目的的无公害综合防治工作，做到一次用药，兼防几种病虫害。

一、保护天敌，开展生物防治

果园株行间种植白花草、柱花草、假花生等良性草，以保护天敌的生存环境。自然条件下板栗害虫的天敌比较多，如栗瘿蜂的长尾小蜂及其他十几种寄生蜂，桃蛀螟的姬蜂、小茧蜂和赤眼蜂，金龟子的黑土蜂、寄生菌，栗链蚧的红点唇瓢虫，栗红蜘蛛的西方盲走螨和芬兰钝绥螨等，黑缘红瓢虫可控制栗绛蚧，黑土蜂可控制金龟子，中华长尾小蜂可控制栗瘿蜂。

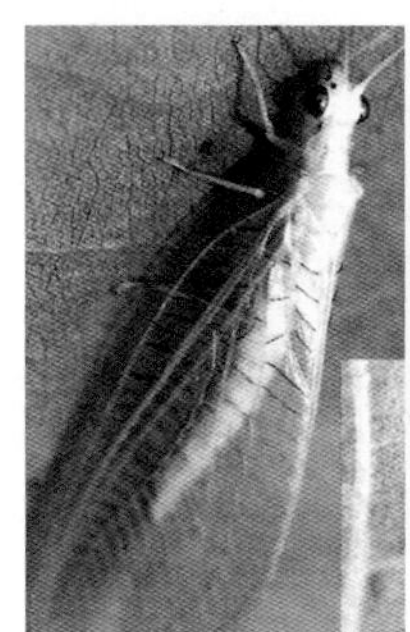

草蛉、瓢虫捕食多种害虫，应当予以保护

果园养鸡有利于防治害虫

二、采果后结合修剪，做好清园工作

冬季清园目的是消灭越冬的病源、虫源，减少开春病虫的基数，达到预防为主的目的，特别是疫病、霜霉病严重的果园，冬季一定要做好清园工作。每年收果后清除果园内的枯枝落叶，清理栗园内的果蓬和枯枝落叶并烧毁，并全园深翻 20 厘米之后在果园中撒上石灰。结合修剪剪除树冠上的枯枝、害虫为害的枝叶、有病害的干果全部剪除烧掉，然后喷一次 30% 氧氯化铜 600 倍液，喷药时用药量要足，树干和地面也需喷药。

三、加强农业防治，提高树体抗病虫害能力

建园和栽培管理过程中，综合运用防护林带、蜜源植物、行间

间作或生草等技术，创造有利于果树生长和天敌生存而不利于病虫生长的生态环境，保持生物多样化和生态平衡。加强肥水管理，增施有机复合肥或施用充分腐熟的有机肥，少施化肥，创造良好的土壤结构，增加树体营养，提高抗病虫害能力。通过抽梢期、花果期和采果后的修剪，去除交叉枝、过密技，改善树冠通风透光条件，提高植株抗病虫能力。树干用硫酸铜或硫黄配制白涂剂涂白，预防病虫为害。

树干涂白，对树干性病虫害的防治效果明显

四、加强物理防治措施

根据虫害的发生规律和生活习性，用诱虫灯、诱虫瓶、黄色板、蓝色板和白色板等诱杀害虫，如栗园中悬挂黑光灯可诱杀金龟子、桃蛀螟成虫。对有些害虫，可采用人工捕捉的方法，如栗瘿蜂可在其出瘿前人工摘去瘿瘤集中烧毁，大袋蛾也可摘取虫袋集中杀死。早春 3 月可人工割除栗大蚜卵块、栗绛蚧雌母蚧。金龟子成虫期可于傍晚人工震落捕杀。栗园中悬挂糖醋罐（瓶）可诱杀栗皮夜蛾成虫。在植株上吊挂昆虫诱捕器，也是常用的物理防治措施。

昆虫诱捕器

黄色粘虫板

简易诱虫灯

太阳能诱虫灯

振频式诱虫灯

自制诱（粘）虫瓶

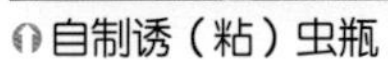

五、抓住重点时期，开展综合防治

1. 加强病虫害的预测预报，准确把握防治有利时机

病虫害防治的关键是及时准确预报病虫的发生。在病虫发生为害之前，应当开展田间调查，加强病虫害的预测预报，特别要注意主要病虫害的发生情况，以准确把握防治有利时机，在病虫害发生严重为害前开展无公害综合防治，把病虫害造成的损失控制在可接受的范围内。

果园安装害虫预报装置，及时准确预报病虫发生情况

2. 选择高效、低毒、低残留化学农药

人们对绿色食品的需求高，因此在栗园一般不宜用高毒高残留的化学农药。当某种害虫十分猖獗时，可适当使用一些低毒低残留的化学农药、植物杀虫剂、机油乳剂等进行防治，尽量避免杀伤自然天敌。如可用吡虫啉或印楝素等防治栗瘿蜂、桃蛀螟、栗实蛾、栗皮夜蛾和金龟子，用机油乳剂防治栗链蚧和栗红蜘蛛等；对栗疫病，刮除病斑后，涂抹氧氯化铜；对栗白粉病和栗锈病，可喷洒粉锈宁；对赤斑病，可喷施多菌灵等药液。

果园配药池，一次配好足量药剂，浓度均匀准确

3. 重点防治与兼防并举

根据板栗病虫害的发生规律，在重点时期开展化学综合防治，做到一次用药，兼防几种病虫害。进行化学防治时，应当预防在先，及时防治，巧用农药，在短时间内统一防治，一次性完成，使病虫难以喘息逃生，杜绝未喷药园区的病虫向已喷药园区蔓延发展。对栗疫病、栗绛蚧为害栗园，只要对受害株涂干、喷药即可，这样可有效减少农药用量，又不易使害虫产生抗药性、树体产生药害。栗干枯病、栗炭疽病、栗大蚜、栗绛蚧等病虫害，在入冬及早春萌芽前，各喷一次3~5波美度石硫合剂与80倍液0.3%五氯酚钠混合液，可有效减少越冬病虫，防治效果事半功倍。

4. 喷施农药的安全技术

化学农药普遍具有一定的毒性，使用农药防治病虫害时，应当采取有效措施安全用药。

①工作前，操作人员必须了解药剂的毒性及安全防护措施，操作时穿戴好口罩、手套等安全防护用具。

②药物包装应当有名称、牌号、生产日期、使用规定等内容。农药的存放不得与食品、饲料等同放一处。

③不要在人畜经常活动的地方配药，严格按照规定使用浓度配药，不要随意变动浓度。

④喷药时背风作业，不要吸烟、饮水和进食，作业完后用肥皂清洗手、脸等裸露部位并漱口。

⑤操作人员如出现头痛、头昏、恶心、呕吐等现象时，应当立即请医务人员诊治。

⑥喷药器材不要用作其他用途。

第二节　主要病害及防治

一、栗疫病

1. 为害症状

栗疫病又名栗干枯病、栗胴枯病、栗烂皮病，是栗树的主要病害，为害树干和枝条，患病树皮出现红褐色或黄褐色小病斑，稍隆起，斑点连成块状后，树皮表面凸起呈泡状，皮层内部腐烂，常渗出有酒糟味的黄褐色汁液，后期病部略肿大成纺锤形，渐干缩，树皮开裂或脱落，影响生长，甚至全株枯死。

树干发生栗疫病的症状

2. 病原与发病特点

栗疫病为真菌性病害，以菌丝体及子座在树皮上存活越冬，以无性态分生孢子借助风雨、昆虫等传播，远距离则通过苗木传播。病原菌多从伤口（鸟兽及昆虫伤、机械伤、嫁接口、日灼、冻伤等）入侵，初期不易发现。在华南地区从 3 月开始发生，4—6 月盛发。温暖多雨天气有利于发病。早春板栗树发芽前后是病害发生最严重的时期。

栗疫病菌为弱寄生菌，其发生与板栗树生长及环境条件密切相关。在阴坡、地势平缓、土层深厚肥沃、排水良好的环境，板栗树生长旺盛，发病少，反之土壤过酸、种植密度过大、树势衰弱则发病率高；嫁接接口周围易发生疫情；老龄树较幼树发病率高。

3. 防治方法

（1）严格检疫　对调入的枝条要执行检疫，以免病害扩散蔓延。

（2）加强肥水管理，增强抗病力　改良土壤结构，增加土壤肥力和有机质含量；进行嫁接或大田改造时注意接口处的保护。

（3）修剪清园　结合冬季修剪，剪除病枝、弱枝、枯枝并带出栗园集中烧毁，减少病菌传播；枯死的植株连根刨起，在穴内施石灰消毒。

（4）刮治病疤　刮除主干及大枝上的病斑，深度达木质部，病斑刮除要彻底，刮下的树皮和剪下的病枯枝集中烧毁。伤口处用2% 多菌灵或用 30% 氧氯化铜 50 倍液涂刷。

（5）积极防治其他病虫害　在板栗的整个生长期，一旦发现有害虫为害梢、叶，及时进行防治，保护叶、枝少受伤害；秋季树干涂白，减少其他病虫特别是蛀干害虫的为害。

刮治病疤后用药剂涂刷保护

用薄膜包扎保护

（6）药剂防治 早春板栗树发芽前，喷一次 2~3 波美度的石硫合剂或敌克松 500 倍液；发芽后，再喷一次 0.5 波美度的石硫合剂，保护伤口不被侵染，减少发病概率。

二、炭疽病

1. 为害症状

炭疽病是板栗主要病害之一，不仅在果园发生，在果实贮藏期间也会继续引起大量果实腐烂，造成严重损失。该病侵染板栗叶、枝和果实，叶片受害后出现圆形或不规则形褐色病斑，后期病斑边缘生有小黑点，即病原菌的分生孢子盘，中央为灰白色。枝干受害后出现圆形黑色病斑且较光滑，失水后下陷腐烂，逐渐枯死。果实受害多从顶部开始出现症状，最初出现圆形黑褐色病斑，形成“黑尖果”，种仁上的病斑圆形或近圆形，黑色或黑褐色，腐烂，后期果肉失水干腐皱缩。

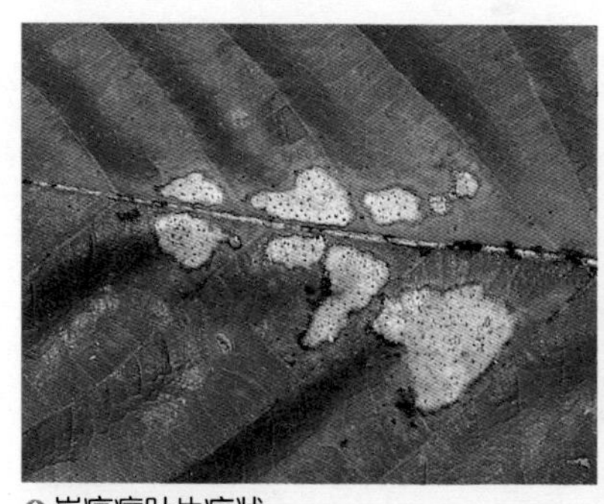

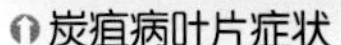

炭疽病叶片症状

炭疽病果实症状

2. 病原与发病特点

炭疽病病原为胶孢炭疽菌，喜高温、高湿环境。病菌在病落叶、病枝和病空苞上过冬，翌年春、夏季，借风雨传播、侵染为害。烈日灼伤、虫伤、机械损伤有利于病菌侵入；雨季发病较严重；管理粗放、潮湿荫蔽的果园发病较重；果实伤口多，在贮运期间发病严重。

3. 防治方法

（1）冬季清园　剪除病枝，清除地面落叶、果苞，并集中烧毁，减少病源。

（2）加强田间管理，培育强壮树势，增强抗病力　雨后及时排除渍水，防止湿气滞留；避免损伤，减少病原菌的入侵机会。

（3）适时采收，注意减少栗果机械损伤　用7.5%盐水漂洗果粒，除去漂浮的病果粒，将好果粒捞出晒干、贮藏。

（4）药剂防治　冬季落叶后喷1次4~5波美度的石硫合剂，次年发芽前再喷1次，以杀灭病枝干上越冬的病菌；4—5月喷65%代森锌600倍液、80%大生M-45可湿性粉剂600~800倍液、势克3 000~4 000倍液、加瑞农800~1 000倍液、70%甲基托布津800倍液、50%多菌灵800倍液，每周1次，连喷3次，抑制菌源的产生。

三、板栗赤斑病

1. 为害症状

板栗赤斑病又称赤枯病，是板栗叶部的主要病害之一。发病初期，在叶缘、叶脉处形成近圆形或不规则的橘红色病斑，边缘褐色，中央散生黑色小粒，后随着病斑的扩大，叶面病斑连在一起，

板栗赤斑病症状

形成枯斑，导致叶片提前脱落，引起落果。

2. 病原与发病特点

板栗赤斑病病原为半知菌的叶茎点霉菌，病原菌以菌丝体和分生孢子在病株和落叶病斑上越冬，翌年春季叶片展开时分生孢子随风、雨、昆虫传播到新叶上，从伤口、气孔处侵入叶内并扩展蔓延，6—7 月病症出现大量落叶，落果。

3. 防治方法

（1）冬季清园　在冬季将落叶和修剪时剪除的病枝枯叶集中烧毁，消灭越冬病原。

（2）加强肥水管理，提高栗树抗病能力　合理修剪，改善通风透光条件；增施磷钾肥和有机肥，避免偏施氮肥。

（3）药剂防治　春季在展叶期喷施 30% 氧氯化铜 600 倍液进行预防，发病初期用 70% 甲基托布津 800 倍液、50% 多菌灵 800 倍液、退菌特可温性粉剂 1 000 倍液、80% 大生 M-45 可湿性粉剂 600~800 倍液、77% 可杀得悬浮剂 800 倍液进行喷雾防治。

四、板栗锈病

1. 为害症状

板栗锈病主要为害板栗叶片。发病初期病叶背出现黄白色稍隆起的疱状斑，后变为黄色或黄褐色，疱状斑隆起也越来越明显，最终突破叶片表皮，散出黄色或黄褐色粉状物，造成叶背面覆盖锈粉，导致叶片焦枯、脱落。冬季孢子堆为褐色蜡质斑，表皮不破裂，在叶背面着生。

板栗锈病为害板栗叶片症状

2. 病原和发病特点

板栗锈病的病原为膨痂锈菌，多在8—10月发生，病菌以菌丝体和孢子堆在落叶或病株上越冬。果园过密，湿度大，偏施氮肥，有利于该病的发生。

3. 防治方法

（1）冬季清园　在冬季将落叶和修剪时剪除的病枝枯叶集中烧毁，消灭越冬病原。挖除病株烧毁，并用20%的石灰水灌注周围土壤，杀菌。

（2）药剂防治　在栗树发病前或发病初期用喷25%粉锈宁1 000倍液或70%甲基托布津加75%百菌清800倍液进行防治。

五、板栗白粉病

1. 为害症状

板栗白粉病主要为害叶片、嫩枝和幼芽。叶片发病初期从叶面可见不规则的褪绿黄斑，在叶片背面产生淡灰白色菌丝和白粉层。秋季在白粉层上出现许多针状物，开始为黄褐色，后变为黑褐色的小颗粒物，即病原菌的闭囊壳。天晴干燥时，白粉飞扬，受害嫩芽及嫩叶卷曲发黄、枯焦、脱落，嫩梢亦会产生白粉，影响木质化，严重时畸形。

板栗白粉病为害叶片症状

2. 病原和发病特点

板栗白粉病为真菌性病害，病原为真菌中子囊菌亚门白粉目菌病害，病菌以闭囊壳在落叶和病叶梢上越冬，翌年3—4月放出子囊孢子，借助气流传播到达叶片、嫩梢，便长出芽管从气孔侵入，随后在叶表面形成菌丝体和大量分生孢子侵染嫩叶新梢。在整个生长季节，病菌在病部不断产生分生孢子，只要有新梢嫩枝发生，可多次浸染为害；气候温暖，天气晴朗干燥，有利于白粉病传播、发展。密植园通风差，或氮肥过多易感染此病。在栗树新梢生长期阴雨较多时发病重。

3. 防治方法

（1）修剪清园　疏剪过密的枝条，促进树冠通风透光。清除园中落叶，结合修剪剪除病重的畸形枝，集中烧毁，树上喷 3~5 波美度石硫合剂，扑杀越冬病菌，减少翌年病原。翌年春季即将萌动时，喷 1 次 200 倍液等量式波尔多液进行预防。

（2）剪除病枝　在早上露水未干、白粉不易飞扬时从病梢发病处 6 个芽以下剪除病枝，并集中烧毁，以免孢子传播为害。

（3）药剂防治　发病初期起，每隔 10 天左右喷 1 次 20% 粉锈宁乳油或 25% 粉剂 600~800 倍液，或 4% 农抗 120 粉剂 200 倍液。发生较重时，可喷 20%三唑酮可湿性粉剂 2 000~3 000 倍液或 70% 甲基硫菌灵可湿性粉剂 1 000 倍液；也可以喷 50%退菌特可湿性粉剂 1 000 倍液，但不要加大浓度，以防药害。

第三节　主要虫害防治

一、栗大蚜

1. 为害特征

栗大蚜又名黑大蚜，是板栗的主要害虫之一，我国板栗产区分布普遍。栗大蚜以成虫和若虫群集在板栗新梢、嫩枝和叶背面或栗苞隙间吸食汁液，影响新梢生长和果实成熟，常导致树势衰弱，果实产量和品质下降。

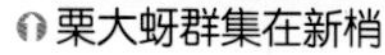
栗大蚜群集在新梢

栗大蚜为害新梢症状

2. 生活习性

栗大蚜成虫黑色，无翅孤雌蚜体长 3~5 毫米，体背密被细长毛。腹部肥大呈球形，有翅孤雌蚜体略小，黑色，腹部色淡。卵长椭圆形，初为暗褐色，后变黑色，有光泽。单层密集排列在枝于背阴处和粗枝基部。若虫体形似无翅孤雌蚜，体较小，色较淡，多为黄褐色，稍大后渐变成黑色，体较平直，近长圆形。有翅蚜胸部较发达，具翅芽。

3. 防治方法

（1）保护利用天敌　对栗大蚜的天敌如七星瓢虫、月瓢虫等多种瓢虫加以保护利用。

（2）剪除病枝　剪除被害枝条，清除越冬卵，或涂刷成片的卵。

（3）物理防治　用色彩板诱杀蚜虫。

（4）药剂防治　早春发芽前喷洒机油乳剂 50~60 倍液。春季卵孵化期在嫩梢上发现有蚜为害时应开始防治。可选用 20%吡虫啉可湿性粉剂 2 000~3 000 倍液、10%烟碱乳油 500~800 倍液、2.5%鱼藤酮乳油 400~500 倍液、3%啶虫脒乳油（莫比朗）2 500~3 000 倍液、5%啶虫脒可湿性粉剂 4 000 倍液、40%速扑杀乳油

1 000~1 500 倍液、25% 阿克泰水分散颗粒剂 5 000~6 000 倍液。

二、栗实象甲

1. 为害特征

栗实象甲别名板栗象鼻虫、栗象、栗象甲等，属鳞翅目、象虫科，是为害板栗贮藏和商品价值的一种重要害虫。该虫以幼虫为害栗实，蛀食果实内子叶，蛀道内充满虫粪，使栗果失去发芽能力和食用价值。成虫咬食嫩叶、新芽和幼果，造成树势衰弱，栗苞早黄。

2. 生活习性

有象鼻状长嘴是栗实象甲的主要形态特征。成虫黑褐色，头管长于虫体，前胸背板后缘两侧各有一半圆形白斑纹，与鞘翅基部的白斑纹相连；卵椭圆形，表面光滑，初产时透明，近孵化时变为乳白色；幼虫乳白色至淡黄色，头部黄褐色，无足，呈“C”形弯曲；蛹乳白色至灰白色，近羽化时灰黑色，头管伸向腹部下方。果实采收期，未脱果的幼虫会随果实采收被带到贮运果实中，并在果内继续蛀食，成为贮藏性害虫。

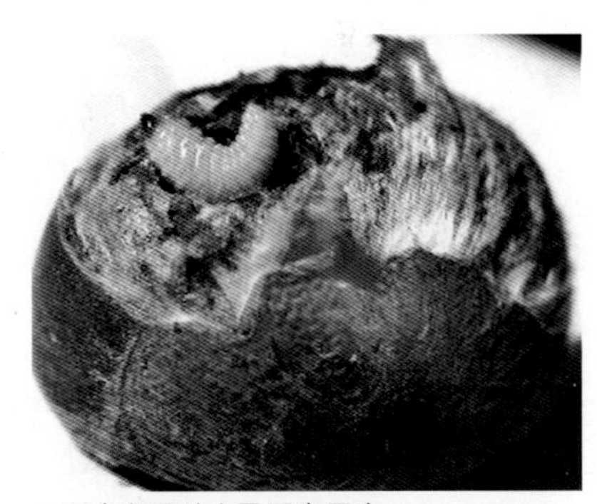

栗实象甲幼虫及受害果实

3. 防治方法

（1）*加强管理，改善栗园条件*　清理栗园内或附近的栎类杂树；栗果成熟后及时采收，清理园内残果，拾净栗苞，减少幼虫脱果落土作室花蛹的数量。秋冬季耕翻栗园，破坏土室，杀死幼虫。

（2）*捕杀成虫*　于成虫羽化期，利用其假死性，于早晨露水未干时，在树下铺塑料布，震动树枝使之落下，集中灭杀。

（3）*药剂防治*　栗实象甲发生严重的栗园，可在成虫即将出土时或出土初期，地面撒施5%辛硫磷颗粒剂，每亩10千克，或喷施50%辛硫磷乳油1 000倍液，施药后及时浅锄，将药剂混入土中，毒杀出土成虫。成虫发生期可在产卵之前树冠选喷80%敌敌畏乳油1 000倍液、50%杀螟硫磷乳油1 000倍液、50%辛硫磷乳油1 000倍液、90%敌百虫晶体1 000倍液、2.5%溴氰菊酯乳油3 000倍液或20%杀灭菊酯乳油3 000倍液等，每隔10天左右1次，连续喷2~3次。

（4）选择脱粒、晒果及堆果场地　脱粒、晒果及堆果场地最好选用水泥地面或坚硬场地，防止脱果幼虫入土越冬。

（5）毒杀脱果幼虫　脱粒、晒果及堆果场地，事先喷施50%辛硫磷乳油500~600倍液，每平方米喷药液1~1.5千克，最好使药液渗透至5厘米深的土层；如地面坚实或为水泥地，则可在其周围堆一圈拌有5%辛硫磷颗粒剂的疏松土壤等，均可毒杀脱果入土的幼虫，减轻翌年的为害。

（6）热水浸种　栗果脱粒后用50~55℃热水浸泡10~15分钟，杀虫效率可达90%，捞出晾干后即可用砂贮藏。不会伤害栗果的发芽力，但必须严格掌握水温和处理时间，切忌水温过高或时间过长。

（7）熏蒸栗果　在栗果收购点或仓库，在密闭条件下用溴甲烷或二硫化碳等熏蒸剂处理，杀死栗果内的幼虫。溴甲烷每立方米用量2.5~3.5克，熏蒸处理24~48小时；或二硫化碳每立方米用量30毫升，处理20小时。

三、栗瘿蜂

1. 为害特征

栗瘿蜂属于膜翅目瘿蜂科，又称栗瘤蜂，以幼虫为害芽和叶片，受害芽在春季抽生短枝后，在枝端叶柄、叶脉上形成瘿瘤，发生严重时栗树很少长出新梢，不能结实，树势衰弱，枝条枯死，产量骤减。

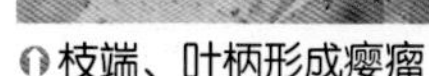
枝端、叶柄形成瘿瘤

栗瘿蜂幼虫

2. 生活习性

栗瘿蜂一年发生1代，以初龄幼虫在被害芽内越冬，翌年3月底或4月初栗树抽梢时，在新梢枝叶上长出小型瘿瘤。5月上旬至6月下旬幼虫在瘿瘤内化蛹，5月下旬为成虫羽化盛期。初羽化成虫在虫瘿内停留10~15天，然后咬圆孔飞出，寻找细弱枝产卵于芽内，幼虫孵化后在芽内为害一段时间，至9月下旬开始越冬。栗瘿蜂的天敌以寄生蜂为主，种类很多，主要是中华长尾小蜂。一般郁闭度过大的栗林，栗瘿蜂虫口密度大，而郁闭度较小的则虫口少。

3. 防治方法

（1）剪除病虫枝　冬、春季修剪时，剪除有虫瘿的枝条、细弱枝、过密枝，减少郁闭、改善树冠内通风透光条件，减低虫口密度。

（2）加强栽培管理　通过科学管理以增强树势，促进新梢生长。春季瘿瘤出现时，摘除瘿瘤。

（3）利用和保护天敌　保护果园内的瓢虫、草蛉等天敌，释放寄生蜂、寄生菌红霉菌等，以起抑制作用。

（4）药剂防治　在5—6月成虫羽化盛期，用50%杀螟松乳油2 000倍液、80%敌敌畏乳油2 000倍液防治。

四、栗红蜘蛛

1. 为害特征

主要为害板栗叶片和嫩芽，吸食叶或芽内的汁液，为害时先沿叶脉失绿呈灰白色斑块，叶被害处褪绿成黄白色小点，严重被害叶片枯焦变褐色，早落，造成树势衰弱，影响果枝发育，栗苞早黄，栗果干缩，产量和品质降低。

受红蜘蛛为害的叶片症状

红蜘蛛为害严重的植株

2. 生活习性

栗红蜘蛛一年发生 8~13 代，世代重叠，以卵在枝条上叶痕、粗皮、缝隙及分叉处越冬。越冬卵随芽萌动至展叶期间孵化。幼螨 3 对足，蜕皮皮后为若螨，4 对足，若螨蜕皮 3 次变为成螨，雌成螨羽化后当日即可产卵，80%~90%的卵集中在 10 天内孵化。成螨、若螨均在叶正面为害，为害高峰期在 6—7 月。一般高温、干旱年份为害重。

3. 防治方法

（1）果园生草覆盖　栗红蜘蛛的天敌大多喜欢温暖、潮湿环境，而在果园树冠外保留或种植藿香蓟等浅根性杂草，有利于改善果园环境，调节局部温湿度，助长天敌活动，使栗红蜘蛛的克星——芽枝霉菌得以繁衍、寄生，也有利于果园建立长期、稳定的捕食螨群落以控制栗红蜘蛛的发生。

（2）生物防治　人工释放捕食螨，利用捕食螨等栗红蜘蛛的天敌，“以螨治螨”，是防治红蜘蛛的重要措施。5 月栗红蜘蛛盛发高峰期到来前挂放捕食螨，每树挂 1 袋（1 000 只），建立长期、稳定的捕食螨群落来控制栗红蜘蛛的发生。

（3）药剂防治　红蜘蛛极易产生抗药性，因此切忌滥用、乱用化学农药，在使用化学药剂时要合理交替轮换，不要长期连续使用同一种药剂，以防止或延缓栗红蜘蛛产生抗药性。每种药剂一年内使用 1~2 次为宜。5 月上中旬开始，喷施 2 次 73% 克螨特乳油 3 000 倍液、20% 杀螨酯 800~1 000 倍液、20% 速螨酮 4 000 倍液、50% 托尔克 2 000 倍液或 25% 倍液乐霸可湿性粉 1 500 倍液。特别是 0.25%~0.5% 苦楝油、1% 高脂膜对栗红蜘蛛效果良好，而对捕食螨等天敌的毒性很低。

五、刺蛾

1. 为害特征

为害板栗的刺蛾主要有黄刺蛾、褐刺蛾和扁刺蛾等。幼虫取食叶片。低龄幼虫取食叶肉，仅留表皮，老龄时将叶片吃成孔洞或缺刻，有时仅留叶柄，严重影响树势。

刺蛾幼虫

叶片受害症状

2. 生活习性

刺蛾一年发生 1~2 代，以老熟幼虫在树干、枝叶间或表土层的土缝中结茧越冬，翌年4—5月化蛹和羽化为成虫。5月上旬化蛹，成虫于5月底至6月上旬羽化，6—7月为幼虫为害盛期。成虫夜间活动，有趋光性；白天隐伏在枝叶间、草丛中或其他荫蔽物下。幼虫孵化后，低龄期有群集性，并只咬食叶肉，残留膜状的表皮；大龄幼虫逐渐分散为害，从叶片边缘咬食成缺刻甚至吃光全叶；老熟幼虫迁移到树干基部、树枝分叉处和地面的杂草间或土逢中作茧化蛹。

3. 防治方法

（1）农业防治　结合修剪、除草和冬季清园，清除枝干上、杂草中的越冬虫体，破坏地下的蛹茧，减少下代的虫源；人工捕杀幼虫，低龄幼虫群栖为害时，摘除虫叶；冬、春季结合修剪，去除虫茧。

（2）物理防治　利用成蛾有趋光性的习性，可结合防治其他害虫，6—8月在盛蛾期设诱虫灯诱杀成虫。

（3）生物防治　摘虫茧，放入纱笼，保护和引放寄生蜂；用每克含孢子100亿的白僵菌粉0.5~1千克，在雨湿条件下防治1~2龄幼虫。

（4）药剂防治　幼虫发生期及时喷洒50%杀螟松乳油1 000~2 000倍液、80%敌敌畏乳油2 000倍液、7.5%鱼藤精800倍液、20%杀灭菊酯乳油8 000倍液、10%天王星乳油5 000倍液、52%农地乐乳油1 500~2 000倍液进行防治。

六、大袋蛾

1. 为害特征

大袋蛾又名避债蛾、大蓑蛾，幼龄幼虫取食叶背面叶肉，稍大些的幼虫将叶片吃成孔洞或大缺口，也啃食果皮。幼虫取食或爬动时带动虫袋，故名大蓑蛾或避债蛾。大袋蛾除为害板栗

倒挂在枝条上的大袋蛾虫袋

外，还为害桃、李等多种果树。

2. 生活习性

大袋蛾在广东一年发生 2 代，以老熟幼虫在倒挂在枝条上的虫袋内越冬，5 月化蛹，蛹期约 30 天。雄虫蛹壳外露约 1/2，有趋光性。雌虫羽化时将头部、胸部和蛹壳带出袋外，交尾 1~2 小时后即产卵，每头雌虫产卵 3 000 余粒。

3. 防治方法

（1）人工捕杀　在大袋蛾化蛹前，摘除倒挂在枝条上的虫袋，集中捕杀。

（2）灯光诱杀　利用大袋蛾成虫趋光习性，用黑光灯、电灯、火堆诱杀。

（3）药剂防治　可选用 13% 果虫灭乳油 1 000~1 500 倍液、90% 杀虫单可溶性原粉 1 000~1 500 倍液、40% 毒死蜱乳油 1 000~1 500 倍液、15% 科绿乳油 1 000~1 500 倍液等防治。

七、栗实蛾

1. 为害特征

栗实蛾属鳞翅目小卷叶蛾科害虫，以幼虫蛀食板栗果实为害，造成板栗果实枯萎、腐烂，严重影响板栗产品和品质。

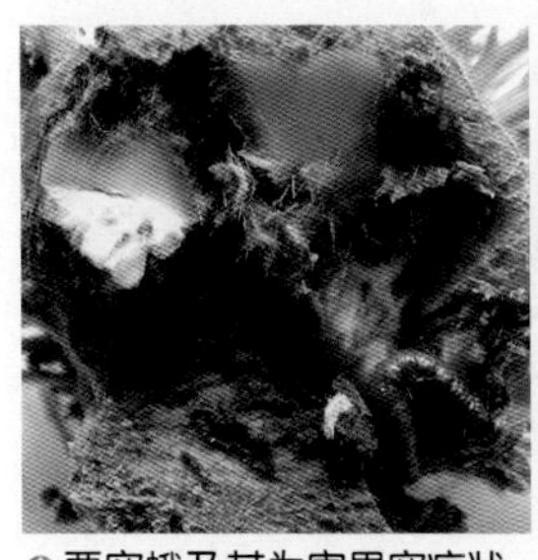

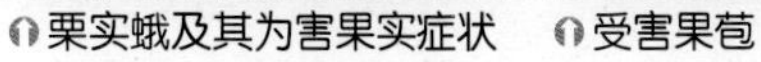

栗实蛾及其为害果实症状　受害果苞

2. 生活习性

栗实蛾一年发生 1 代，以老熟幼虫在落叶和杂草中结茧越冬。

翌年化蛹，成虫于板栗的果期羽化，寿命 7~14 天，在傍晚交尾产卵，卵产于栗苞附近的叶背面或果梗基部。幼虫孵化后蛀食栗苞壁。果实采收期正是初龄幼虫大量蛀食栗苞壁，但尚未进入种仁取食。一般一个果内 1 头幼虫。9 月下旬幼虫老熟后，落入地面杂草、落叶中结茧越冬。

3. 防治方法

（1）冬季清园　栗果采收后至落叶休眠期清理栗园，捡拾地下的栗壳、花穗、杂草、枯枝、落叶等，集中烧毁，减少越冬虫源。

（2）药剂防治　4—5 月喷第一次药，6—9 月根据虫情预测喷药 1~2 次，防治栗实蛾，兼治小蛀果斑螟。可选用 13% 果虫灭乳油 1 000~1 500 倍液、40.7% 毒死蜱乳油 1 000~1 500 倍液、15% 科绿乳油 1 000~1 500 倍液等防治。采果前 20 天停止用药。

八、金龟子

1. 为害特征

为害板栗的金龟子有红脚绿丽金龟子、铜绿丽金龟子等，主要为害板栗嫩梢、叶片、花序，严重时把幼芽、幼叶食光，是板栗芽、叶主要害虫之一。

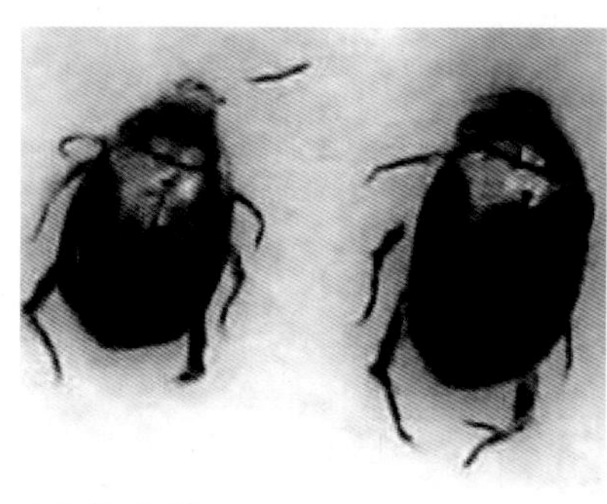
金龟子成虫

金龟子为害的叶片

2. 生活习性

该虫在广东一年发生 1 代，以 3 龄幼虫在 20~30 厘米深处土中越冬，翌年4月初，越冬幼虫上升至表土取食为害，5月上旬化蛹，5月中旬成虫羽化，6月中旬至8月上中旬是成虫为害盛期。成虫出土后昼夜取食叶或花。成虫最喜在新腐熟堆肥中产卵，白天潜伏在土中，傍晚时成群飞到树上，整夜取食，次晨飞离树冠潜伏，有假死性和趋光性。

3. 防治方法

（1）灯光诱杀　利用金龟子趋光习性，用黑光灯、电灯、火堆诱杀。

（2）人工捕杀　清晨利用成虫的假死性，摇树后捕杀掉在地上的成虫。

（3）药剂防治　成虫盛期喷40%乐果乳油200倍液或50%辛硫磷乳油800~1 000倍液进行防治。

九、天牛

1. 为害特征

为害板栗的天牛主要是云斑天牛，是板栗主要的蛀干害虫之一。天牛以幼虫在树干内蛀食为害，由皮层逐渐深入到木质部，产生各种形状的隧道，其内充满虫粪，树干基部常有木屑状蛀粉。成

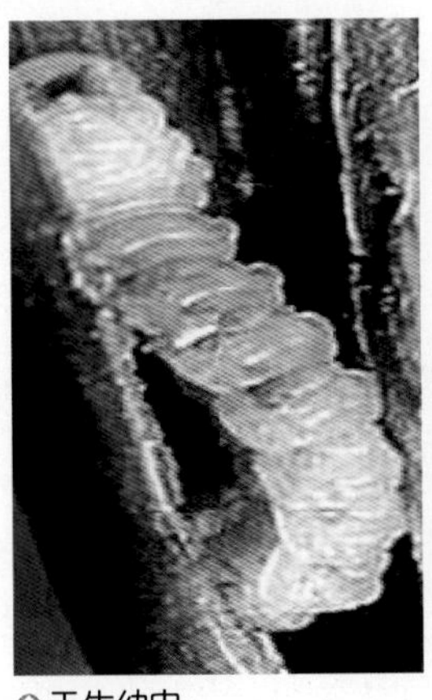

天牛幼虫

天牛蛀食后形成的虫粪

虫啃食嫩枝或叶片，致使树势衰弱、枝条枯死，甚至整树死亡。

2. 生活习性

云斑天牛 2~3 年发生 1 代，以老熟幼虫或成虫在树干隧道内越冬，4—5 月越冬成虫钻出树干活动取食，早晚最盛。6 月开始产卵，7 月下旬为盛产期。成虫产卵时先在树皮上啃 1 个小窝，产卵于其中，用屑堵住卵口。幼虫孵化后即蛀入树皮内蛀食，后逐渐蛀入木质部，排出木屑状蛀粉。幼虫树干内取食到秋后便在隧道内越冬。天牛成虫有趋光习性，飞行力弱，受震动易落地爬行。

3. 防治方法

（1）人工捕杀　利用天牛成虫有受震动易落地爬行的特性，5—7 月成虫发生期摇树震落成虫捕杀。对已蛀入木质部的幼虫，可先掏净虫道内的虫粪，再用带钩的铁丝钩出幼虫，或塞入蘸有敌敌畏的药棉毒杀。

（2）刮除虫卵　在成虫产卵期，发现树干上有成虫产卵痕迹时，用刀刮除虫卵及初孵幼虫。

（3）药杀防治　从虫道注入 80% 敌敌畏乳油 100~300 倍液 5~10 毫升，然后用泥或塑料袋堵注虫孔，杀死虫道内的幼虫。

（4）树干涂白　秋冬季进行树干涂白或在 4—5 月成虫盛发及产卵期在树干涂刷由 80% 敌敌畏 1 份加黄泥 10 份再加水 10 份左右拌成的药泥浆，以防成虫产卵。

十、栗透翅蛾

1. 为害特点

栗透翅蛾俗称串皮虫，是板栗的主要虫害之一，以幼虫蛀食树干和枝条的韧皮部和形成层，少数幼虫轻度啃食木质部，被害处树皮肿胀开裂，并有丝网粘连虫粪附于其上，形成肿瘤状隆起，幼虫在皮下串食。幼虫多数纵向钻蛀为害，在嫁接伤口处多为横向蛀食。一般为主干下部受害较重，严重时，以幼虫横向蛀食环绕树干或主枝1周，在皮层与木质部之间形成1~3厘米宽的虫道，影响树木养分的输送，造成虫枝枯死或者全株死亡。

栗透翅蛾及其为害树干症状

2. 生活习性

栗透翅蛾成虫与黄蜂体色相似，雌虫比雄虫虫体大，腹部各节橘黄色或赤黄色，翅透明，翅脉及缘毛茶褐色，足黄褐色，后足胫节赤褐色毛丛尤其发达。雄虫色泽较为鲜艳，尾部有红褐色毛丛；卵椭圆形，初为枣红色，后变为赤褐色，以顶端或一侧附于树皮上；初孵出的幼虫白色，低龄幼虫淡黄色有时微带红色，常随取食部位的颜色而变化。老熟幼虫白色，化蛹前为黄色。

3. 防治方法

（1）加强管理　适时中耕除草、施肥，增强树势；避免机械损伤，对于嫁接伤口和其他机械伤口，要及时包扎保护，伤口愈合后及时解除包扎物。

（2）冬季清园　结合冬季修剪，剪除虫害枝，并集中烧毁，减少翌年的虫害发生；树干涂白，防治越冬幼虫。

（3）刮皮喷药　在成虫羽化产卵期和幼虫孵化初期，对树干1米以下的老树皮、旧的羽化孔、被害部位等产卵场所进行刮皮，集中烧毁，消灭其中的虫卵和初孵出的幼虫。

（4）喷药保护　在成虫羽化产卵期和幼虫孵化初期对树干进行

喷药保护，以防漏网的虫卵或幼虫继续为害。药剂可以选择 80% 敌敌畏乳油 5 000 倍液进行防治。

（5）药剂涂刷　用药剂涂刷被害处，毒杀越冬后的幼虫。在越冬幼虫开始活动时，用 1.5 千克煤油加入 50 克 80% 敌敌畏乳油（或 40% 乐果乳油）比例配置药剂，将配制的药剂拌匀后，涂刷在枝干表皮失去光泽、水肿、流液或有新虫粪的枝干上。

十一、栗皮夜蛾

1. 为害特征

幼虫蛀食栗苞和雄花穗，被害栗苞有幼虫吐丝结成的丝网，在蛀孔处的丝网上有粪便，苞刺变黄、干枯，顶端呈放射状开裂，露出坚果。栗皮夜蛾为害大，每条幼虫能为害 2~3 个栗苞或 3~5 条雄花穗。

2. 生活习性

栗皮夜蛾一年发生 3 代，以老熟幼虫在落地栗苞刺束间或树皮裂缝中结茧化蛹越冬。翌年 5 月越冬代成虫羽化，第一代、第二代成虫分别于 7 月、8 月羽化。成虫在刺苞和新梢上产卵，以树冠东南两面的中下部卵量较多，而西北两面及上部的卵量较少。

3. 防治方法

（1）灯光诱杀　利用栗皮夜蛾趋光习性，用黑光灯、电灯、火堆诱杀。

（2）人工捕杀　利用雨天或雨过刚晴人工捕摘除虫茧。

（3）保护利用天敌　在成虫产卵盛期，释放赤眼蜂或松毛虫赤眼蜂（每亩 2 000 头），或喷苏芸金杆菌和颗粒体病毒等。

（4）药剂防治　可选用 40.7% 毒死蜱 800~1 500 倍液、40% 速扑杀乳油 1 000~1 500 倍液、25% 阿克泰水分散颗粒剂 5 000~6 000 倍液、25% 扑虱灵可湿性粉剂 1 500~2 000 倍液、机油乳剂 200~250 倍液。在 5 月幼果期喷施 5% 浓缩阿维菌素 6 000~1 0000

倍液、吡虫啉 2 500 倍液或 2.5%溴氰菊酯 8 000~10 000 倍液进行防治。

十二、栗链蚧

1. 为害特征

栗链蚧以雌成虫和若虫群集于树干、枝条和叶片上刺吸汁液。1~2 年生枝条被害后，表皮下陷，凹凸不平。当年生新梢被害后，表皮开裂以致干枯死亡；叶片被害后出现淡黄色的斑点，早期脱落。

2. 生活习性

一年发生 2 代，以受精雌成虫在枝干上越冬。3 月上旬气温开始回升时，虫体由绿色转为褐色，3 月下旬到 4 月上旬开始产卵，卵期 15~20 天，4 月下旬到 5 月上旬为卵孵化盛期，初孵化幼虫很快固定于树干、枝条和叶片上刺吸汁液，为害枝叶，并分泌蜡质，形成介壳。20 天左右出现雌雄分化，雄蚧 5 月下旬化蛹，6 月中旬开始羽化，雌成虫交尾后于 6 月下旬开始产卵，7 月是第二代若虫发生期。第二代雄成虫 7 月下旬化蛹，8 月为羽化盛期，10—11 月受精雌成虫越冬。栗链蚧喜温暖阴湿环境，适宜发育温度为 20~30℃，但高温对其生长发育不利。

3. 防治方法

（1）冬季清园　结合冬季修剪，剪除病、枯枝并带出栗园集中烧毁，减少越冬虫源。全园喷 95% 蚧螨灵 100~200 倍液。

（2）药剂防治　4 月卵孵化初期喷施 95% 蚧螨灵 300 倍液、40%乐果乳油 1 000 倍液或 40%速扑杀 1 000~1 500 倍液进行防治。

第一节 板栗采收

一、采收时期与采收前准备

成熟度是影响贮藏质量和寿命的重要因素。保证栗果质优高产，适时采收是关键。板栗不同品种成熟时期不同，大部分板栗品种在 9 月前后成熟，晚熟品种在 10 月成熟，因此板栗不同品种采收时期不相同。充分成熟的栗果皮色鲜艳，含水量低，各种营养成分含量高，品质好，耐贮藏运输，因此采收期应在栗果充分成熟后进行。板栗果实成熟的标志是栗苞表面干燥，颜色由绿转黄褐色并开裂，露出坚果，呈褐色。一般衡量栗果成熟采收的标准为：总苞由绿色转变为黄褐色并自动开裂，坚果呈棕褐色，全树有 30%~40% 的总苞顶端呈十字形开裂时采收。

采收时的天气状况对果实品质及耐藏性有很大影响，采收宜选择在晴天露水干后进行，一般晴天采收的栗果腐烂率低、耐贮性好。雨天或露水未干采收，容易招致病菌滋生。

采收前，应准备好相关的采收用具，将果园的杂草清除，以便收拾打落或自行脱落的果实。由于板栗花期长达 1 个月以上，果实成熟参差不齐，要保证产量和品质，应当采用先熟先采的方法进行采收。

二、采收方法

板栗成熟时间并不完全一致，采收时要按成熟度分批采收。板栗采收方法主要有两种，即拾栗法和打栗法。

1. 拾栗法

当栗果充分成熟，自然落地后，人工拾栗果。一定要坚持每天早、晚拾一次，随拾随贮藏。拾栗法的好处是栗果饱满充实、产量高、品质好、耐藏性强，省工省力，简单易行。

2. 打栗法

在栗苞由绿转黄褐色时分散分批地将成熟的栗苞用竹竿轻轻打落或用钩子钩落栗苞，然后从地上拣拾栗苞、栗果。采用这种方法采收，一般 2~3 天一次。打苞时，由树冠外围向内敲打小枝振落栗苞，以免损伤树枝和叶片，不要一次将成熟度不同的栗苞全部打下。用钩子钩落栗苞，损伤树枝较少，落叶也少，效果好于用竹竿打落。

拾栗法采收

打栗法采收

打栗后收集栗苞

三、脱苞与分级

1. 脱苞

板栗采收时期仍然处在高温季节，气温大多在 25℃以上，果实含水量高，呼吸作用旺盛，容易出现霉烂变质，因此采收的栗苞应尽快进行“发汗”处理。采下的果苞最好选择地势高、阴凉、通风的地方堆放，堆放的高度不宜超过 0.5 米，同时不能踏紧，以免发热腐烂，也不要受太阳直晒。经数天后，栗苞自行裂开，此时可用齿耙等工具捶打栗苞，使栗苞与果实分离，取出栗果，然后收集栗果待藏或上市销售。供贮存用的栗果脱离总苞以后，应收集在室内薄放摊晾，以排除果中一部分水分，俗称“发汗”。其晾干程度以比鲜果重量减少 5%~10% 为适度。此外，在摊凉期间应将虫果、破果、风干果和霉烂果等挑出。不直接销售的板栗果实收集后要立即贮藏，以保持水分，防止腐烂。现在，北京、河北、山东等地已经应用脱苞机械进行脱苞处理，速度快，效率高。

2. 果品分级

果品的分级是商品化、标准化生产，保证安全运输和贮藏保鲜的重要措施。板栗在生产过程中，受到环境条件、管理水平等因素的影响，果实的商品性如大小、色泽、形状、成熟度等方面都存在一定的差异性，即使同一植株上的果实，其商品性也有差异。如果不进行分级处理，优劣不分，在市场上难以卖得好价钱，经济效益就上不去。因此果实采收后，按照一定的标准和要求进行分级，实现优劣分置，是现代果品生产的重要措施。

（1）板栗果实等级标准　按照板栗果实质量标准（GH/T 1029—2002），板栗果实依据有关指标分为优等品、一等品和合格品 3 个等级，不同等级之间在千克粒数、外观和果粒缺陷方面有明确的规定（表 7–1）。从我国板栗出口情况看，板栗的分级标准要求更高（表 7–2）。

表 7-1　板栗果实等级标准

等级	千克粒数	外观	缺陷
优等品	果粒均匀，小型果每千克粒数不超过 160 粒，大型果每千克粒数不超过 60 粒	果实成熟饱满，具有本品种成熟时应有的特征，果面洁净	无霉烂，无虫蛀，无杂质，风干、裂嘴果不超过 10%
一等品	果粒均匀，小型果每千克粒数不超过 180 粒，大型果每千克粒数不超过 100 粒	果实成熟饱满，具有本品种成熟时应有的特征，果面洁净	无霉烂，无杂质，虫蛀、风干、裂嘴果不超过 3%
合格品	果粒均匀，小型果每千克粒数不超过 200 粒，大型果每千克粒数不超过 160 粒	果实成熟饱满，具有本品种成熟时应有的特征，果面洁净	无杂质，无霉烂，虫蛀、风干、裂嘴果不超过 5%，其中霉烂不超过 5%

表 7-2　我国供应出口板栗的分级标准（青岛口岸）

等级	果实直径 / 毫米	每千克果粒数 / 个
一级	25~28	110 以下
二级	23~25	110~150
三级	20~23	150~180
四级	18~20	180~220
五级	18 以下	220 以上

资料来源：《板栗标准化安全生产》（范伟国　等，2007）

（2）*分级方法*　果实脱粒后放于阴凉通风的库房、农舍或果园阴凉通风处整理，剔除裂果、烂果等，按不同要求进行分级。分级方法包括人工手选分级和机械分级 2 种。

①手选分级。人工手选分级是目前国内普遍采用的方法。分级时，根据操作人员的视觉判断，将果实分成若干等级。手选分级能够减轻果实在分级过程中的损伤，但工作效率比较低，级别标准容易受到操作人员心理因素的影响。

②机械分级。机械分级是通过相关的分果机械对果实进行分级，能够显著提高工作效率，也能够消除操作人员心理因素的影

响。用于果实分级的机械主要有2种：一是果径大小分级机，其原理是按照果径大小的分级标准，设计相应孔径的机械筛子来筛分果粒，把小果分开，大果留下，再用传送带将果实运送到包装点。由于板栗果实的形状很不一致，一苞3果的果实，中间果与边果完全不同，因此采用此装置分级误差比较大。二是果实重量分级机，其原理是按照果实重量的分级标准设计重量计量装置，通过机械对果实的重量进行计量分级。

四、果品安全标准

果品质量安全是消费者关注的重要内容。生产的板栗果实不论用作什么用途都必须达到国家食品质量安全标准，这是果树生产的最基本要求。根据国家对食品质量安全的有关规定，农副产品至少要达到无公害食品水平。按照国家农业行业标准《无公害食品（NY 5014—2001）》规定的安全卫生指标要求，无公害果品应达到表7–3规定的安全卫生指标。

表7–3　果品安全卫生指标

通用名	指标/（毫克·千克$^{-1}$）	通用名	指标/（毫克·千克$^{-1}$）
砷	≤ 0.5	溴氰菊酯	≤ 0.1
铅	≤ 0.2	氰戊菊酯	≤ 2.0
汞	≤ 0.1	敌敌畏	≤ 0.2
甲基硫菌灵	≤ 10.1	乐果	≤ 2.0
毒死蜱	≤ 1.0	喹硫磷	≤ 0.5
杀扑磷	≤ 2.0	除虫脲	≤ 1.0
氯氟氰菊酯	≤ 0.2	辛硫磷	≤ 0.05
氯氟菊酯	≤ 2.0	抗蚜威	≤ 0.5
百菌清	≤ 1.0	杀螟硫磷	≤ 0.5
除虫脲	≤ 1.0	亚胺硫磷	≤ 0.5
三唑酮	≤ 0.2	敌百虫	≤ 0.1

续表

通用名	指标 /（毫克・千克$^{-1}$）	通用名	指标 /（毫克・千克$^{-1}$）
氯菊酯	≤ 2	多菌灵	≤ 0.5
水胺硫磷	≤ 0.01	甲萘威	≤ 2.5
苯丁锡	≤ 5	四螨嗪	≤ 1
二嗪磷	≤ 0.5	乙酰甲胺磷	≤ 0.5
对硫磷	不得检出	马拉硫磷	不得检出
氧化乐果	不得检出	甲胺磷	不得检出
倍液硫磷	不得检出	克百威	不得检出

注：国家禁止使用的农药在果实中不得检出。本表未列出的农药残留限量，可根据需要增加检测，并按照有关规定执行。

五、包装、运输

经过一定包装的产品能够有效保护果实外观品质，提高商品价值，使产品具有较准确的重量、数量和容积，也便于果实的贮藏与运输。按照板栗果实用途和市场需要，选择相应的包装。包装材料要求符合国家食品卫生标准要求，材质牢固、洁净、无毒、无异味。可选用大小适宜的纸箱、竹篓、塑料框等作包装材料。鲜果运输应轻装轻卸，不要重压。整个运输过程不与有毒、有害、有异味的物品混运，防止日晒雨淋。板栗鲜果运送到加工企业进行加工或贮藏的，可以用大竹篓、塑料框、纸箱等包装。直接到市场销售的板栗鲜果宜采用小包装，一般用塑料水果筐或竹篓或带孔纸箱，大小分 1 千克、2 千克、5 千克等。品质好、用于礼品的优等品可以选择用小竹篓、小纸箱、小塑料框等包装。直接到市场销售的板栗鲜果的外包装容器，外侧以清晰、不易褪色、无毒的图文形式标上商标、产品（品种）名称、执行的产品标准及编号、产地、等级、重量、采收日期、生产企业名称及地址等相关内容。

板栗鲜果运输宜快装快运，轻装、轻卸、不重压，整个运输过程不与有毒、有害、有异味的物品混运，防止日晒雨淋。

第二节 板栗贮藏

一、贮藏前处理

1. 发汗散热处理

刚采收的栗果温度高、水分多、呼吸强度大，不可大量集中堆积，否则易引起发热腐烂，因此不直接销售的板栗果实收集后要立即贮藏，需要及时发汗散热处理，以排除果中一部分水分，俗称“发汗”，以保持水分，防止腐烂。具体处理方法是：选择阴凉通风的地方，将供贮藏的脱苞栗果收集薄放摊凉，摊凉厚度 10~20 厘米，并经常翻动，让果实充分发汗散热，晾干程度以比鲜果重量减少 5%~10% 为适度。

板栗果实“发汗”，果面有水珠

2. 防虫处理

虫害是造成板栗果实贮藏损失的重要原因之一，贮藏期间主要虫害为栗实象甲和桃蛀螟等，脱苞后的果实贮藏前应进行防虫处理。其方法是：用二氧化碳或溴甲烷熏蒸处理，二氧化碳用量 20 克 / 米^3，溴甲烷用量 40~60 克 / 米^3，处理时间 3~10 小时。也可用二硫化碳熏蒸杀虫，用量 40~50 克 / 米^3，将二硫化碳倒入表面积大的浅器皿内，放在栗果袋上面，让二硫化碳气体分散到每个角落。关严门窗，并将门窗缝隙用纸封起来，1~2 天即可把害虫杀死。

3. 防发芽处理

板栗新鲜的果实水分多，在常温贮藏条件下容易发芽而失去食用价值，采收后进行防发芽处理。可分别用比久（B_9）10 毫克 / 千克浸果以抑制栗果发芽，也可以用 2% 食盐加 2% 的碳酸钠的混合液浸泡 1 分钟或萘乙酸 1 000 毫克 / 千克浸泡 1 分钟。

4. 防腐处理

板栗鲜果在贮藏期间容易发生炭疽病等引起腐烂，在贮藏前要进行防腐处理。用 200 毫克 /1 千克的 2,4–D 加 25% 多菌灵可湿性粉剂 500 倍液或 70% 甲基托布津粉剂 500 倍液浸果 10 分钟，或用 0.1% 高锰酸钾浸果 1 小时。

二、果实贮藏

1. 贮藏条件

板栗鲜果水分含量高，容易发病腐烂，即怕热又怕冻，即怕干又怕水，因此贮藏条件的要求比较高，一定要控制好贮藏条件。板栗鲜果适宜的贮藏温度为 1~4℃，相对湿度为 90%~95%，二氧化碳浓度为 10%，氧气浓度为 3%~5%。

2. 贮藏方法

板栗的贮藏方法很多，即有先进的贮藏方法，也有民间传统的简易贮藏方法。贮藏板栗鲜果时应当根据当地条件、经济状况选择适当有效的贮藏方法。下面介绍常用的一些板栗果实贮藏方法。

（1）*冷藏法*　低温冷藏是通过专用冷库贮藏板栗鲜果，能显著抑制板栗的代谢活力，使其生理代谢减弱，减少贮藏物质的消耗，有利于板栗的长期保鲜，可以常年贮藏，适用于生产数量大的地区，目前是板栗贮藏保鲜效果较好的方法之一。贮藏库温度控制在 1~4℃，湿度 90%~95%。贮藏方法是：冷藏前，将分级及剔除病虫果、伤果后的栗果用竹篓、木箱、纸箱等包装，运至冷库入库预冷，在 0℃左右的温度下预冷至贮藏室温度；将栗果放入温度 1~4℃、相对湿度 90%~95% 的冷库中贮藏，并定期检查，检出烂果。

用竹筐、塑料箱等包装板栗鲜果放入冷库贮藏

（2）气调贮藏法　气调贮藏是近年来快速发展起来的一种新型的板栗贮藏方法，是在 0~2℃的冷藏条件下对果实所处冷藏环境的气体成分进行人工调节，降低氧气的浓度，提高二氧化碳的浓度，从而达到降低果实的呼吸强度，抑制酶的活性和微生物的活动，减少乙烯的生成的目的，延缓果实的衰老，提高果实的贮藏保鲜效果。贮藏方法与条件与冷藏法基本相同，只是将二氧化碳浓度人工调节为 10%，氧气浓度为 3%~5%。

（3）简易家庭贮藏法　简易贮藏法适合家庭等条件下贮藏，所需费用较少，操作简单可行。一般采用坛、缸、罐、木桶、竹篓等包装材料，内衬防水纸，底层垫放松针等，然后将处理好的栗果装入七八成满，上面盖适量干草、松针或薄膜等，也可以内装如秕糠、木屑、沙等填充物（湿度为 50%~55%），放在室内阴凉处，保持较低和稳定的温度，隔一定时期进行翻动，一方面散发热量和调节周围的二氧化碳浓度，另一方面将其中腐烂变质的果实剔除。

有的地方采用醋酸浸洗处理后进行简易贮藏，方法是将果实用 1% 醋酸浸洗 1 分钟，捞起沥干后装入底层垫放松针等的缸、罐、木桶、竹篓等容器中，并定期检查（一般 7~10 天），检出烂果，再用 1% 醋酸浸洗。此法贮藏 140 天，好果率仍然达到 90%。

（4）*沙藏法* 沙藏是板栗果实贮藏常用的方法之一。用于贮藏板栗鲜果的沙子要求洁净，以防污染栗果，湿度在 3%~5%（微湿状态，即用手紧握沙能成团，将手指伸开后稍加振动沙团便慢慢散开），良好的通气条件，缺氧可导致霉烂，高温则容易发霉或发芽。具体贮藏方法是：干净的河沙在阳光下晒 2~3 天后，再用 1 000 倍液的托布津溶液拌匀河沙，湿度控制在 3%~5%，然后在干燥、阴凉、通风的室内地面上铺一层厚 20 厘米的洁净湿河沙，将经过选择的板栗果堆于沙上，厚度为 10~15 厘米，在栗果上覆盖湿河沙 10 厘米，这样一层栗果一层湿沙，堆至 60 厘米左右为止（也可以将湿沙和栗果拌匀），中间每隔 1 米插一捆两头砍整齐的谷草把或在沙堆上插入捆着竹竿，以利通风。贮藏期间河沙要保持湿润，但是也不能有过多水分。每隔 7~10 天翻动一次，将腐烂果、虫害果选出后，仍按以上方法堆积，直至出售时为止。

（5）*液膜贮藏法* 液膜剂是一种无毒的高分子化合物，能在果实表面结成一层薄膜，膜可把杀菌剂、抑菌剂等包裹在栗果表面，在贮藏过程中缓缓释放出来，起到不断杀菌和协调生理代谢的作用，从而降低呼吸速率，延长板栗的贮藏期。水果涂料有：聚乙烯液态膜、漂泊虫胶、漂泊虫胶加混合蜡、高分子聚合物等。液膜贮藏方法是：栗果沙藏 30 天后用水果涂料涂果或浸果，可以有效减少果实水分损耗和腐烂，抑制发芽，贮藏期可达 5 个月。

（6）辐射贮藏法　辐射贮藏保鲜是一种利用放射性元素放出的 β 射线、γ 射线或阴极射线辐射果实，抑制果实组织中酶的活性并杀菌灭虫，降低果实的新陈代谢，延缓果实衰老，以达到防腐保鲜目的的现代化果品保鲜技术。板栗辐射贮藏中常用的是 ^{60}Co–γ 射线，使用剂量为 100~200 戈瑞。

（7）沟藏法　在高燥、背风、阴凉和排水良好处，挖宽、深各 1 米的沟。沟底铺厚 10 厘米左右的湿沙，将栗果与 2 倍于栗果的潮沙掺混均匀后置于沟内，直至距沟口 20 厘米止。在放入栗果的同时，在沟内每隔 1 米竖一直径 10~15 厘米的草把，以利通气。栗果放完后，上面再盖 10 厘米厚的沙子。最后用土做成土梗，以防雨水渗入。藏好要随时检查，调节温度和湿度。

（8）熟果干藏法（水煮干藏法，干炒熟果干藏）　板栗鲜果味甜，水分含量高，易干腐，贮藏难度比较大，要做到周年供应市场，可以采用熟果干藏的方法贮藏。具体方法是：将洁净栗果放于沸水中煮 10 分钟左右（以果肉熟而不糊为度），捞起晒干或烘干，然后保存于干燥环境中，或用包装袋密封包装，供应市场。

干炒熟果干藏是将鲜果炒熟，用包装袋密封包装，供应市场。河源等地板栗加工企业生产开发的“望郎回”“万家富”等系列风味板栗果品就是采用此法。

（9）带刺壳贮藏法　将带刺壳的栗苞装在竹筐等包装物中或堆放在混凝土地面上，进行杀虫消毒。方法是将带刺栗苞堆放一层后，用 50% 敌敌畏乳油 1 000~2 000 倍液喷洒，依次放一层喷一次。堆好后用塑料薄膜盖严熏蒸，可以杀灭专门吃栗肉的栗螟虫。采用此方法贮藏时间比较短，一般只作为临时性贮藏。

参 考 文 献

陈杰忠，2008．果树栽培学各论 [M]．北京：中国农业出版社．

范伟国，李玲，刘树增，2007．板栗标准化安全生产 [M]．北京：中国农业出版社．

吕平会，何佳林，梅牢山，2012．板栗周年管理关键技术 [M]．北京：金盾出版社．

欧林漳，2013．板栗优质丰产栽培 [M]．广州：广东科技出版社．

邱文明，何秀娟，徐育，2015．板栗花芽性别调控研究进展 [J]．果树学报，32(1)：142–149．

唐世裔，杨逸廷，2015．板栗核桃高产优质栽培新技术 [M]．长沙：湖南科学技术出版社．

田寿乐，孙晓莉，沈广宁，等，2015．尿素与磷酸二氢钾配施对板栗光合特性及生长结实的影响 [J]．应用生态学报，26(3)：747–754．

王广鹏，陆凤勤，孔德军，2016．板栗高效栽培技术与主要病虫害防治 [M]．北京：中国农业出版社．

王天元，安立春，2014．板栗高效栽培 [M]．北京：机械工业出版社．

魏晓霞，2016．板栗贮藏保鲜技术概述 [J]．中国果菜，36(12)：5–7．

肖云丽，汪玉平，程水源，等，2014．我国板栗害虫研究概述 [J]．环境昆虫学报，36(3)：441–450．

熊欢，郭素娟，彭晶晶，等，2014．树体结构对板栗冠层光照分布和果实产量及品质的影响 [J]．南京林业大学学报(自然科学版)，38(2)：67–74．

附录　国家禁止使用的农药

种类	农药名称	禁用原因
有机氯类杀虫（螨）剂	六六六、滴滴涕、林丹、硫丹、三氯杀螨醇	高残毒
有机磷杀虫剂	久效磷、对硫磷、甲基对硫磷、治螟磷、地早硫磷、蝇毒磷、丙线磷（益收宝）、苯线磷、甲基硫环磷、甲拌磷、乙拌磷、甲胺磷、甲基异柳磷、氧化乐果、磷胺	剧毒高毒
氨基甲酸酯类杀虫剂	涕灭威（铁灭克）、克百威（呋喃丹）	高毒
有机氮杀虫剂杀螨剂	杀虫脒	慢性毒性、致癌
有机锡杀螨剂杀菌剂	三环锡、薯瘟锡、毒菌锡等	致畸
有机砷杀菌剂	福美砷、福美甲砷等	高残毒
杂环类杀菌剂	敌枯双	致畸
有机氮杀菌剂	双胍辛胺（培福朗）	毒性高、有慢性毒性
有机汞杀菌剂	富力散、西力生	高残毒
有机氟杀虫剂	氟乙酰胺、氟硅酸钠	剧毒
熏蒸剂	二溴乙烷、二溴丙烷	致癌、致畸、致突变
二苯醚类除草剂	除草醚、草枯醚	慢性毒性
除草剂	百草枯、胺苯磺隆、甲磺隆	高毒